KB019170

독도를 부탁해

청소년을 위한 우리 땅 독도 이야기

독도를 부탁해

초판 1쇄 발행 2011년 11월 30일
초판 10쇄 발행 2020년 6월 20일

기획·감수 전국사회과교과연구회
지은이 이두현 이인재 이용직 이다은 이준희 태지원 전혜인
펴낸이 이영선

편집 김선정 김문정 김종훈 이민재 김영아 김연수 이현정 차소영
디자인 김회량 이보아
독자본부 김일신 김진규 정혜영 박정래 손미경 김동욱

펴낸곳 서해문집 | 출판등록 1989년 3월 16일(제406-2005-000047호)
주소 경기도 파주시 광인사길 217(파주출판도시)
전화 (031)955-7470 | 팩스 (031)955-7469
홈페이지 www.booksea.co.kr | 이메일 shmj21@hanmail.net

ISBN 978-89-7483-500-2 03980

이 도서의 국립중앙도서관 출판예정도서목록(CIP)은 서지정보유통지원시스템 홈페이지(http://seoji.nl.go.kr)와 국가자료공동목록시스템(http://www.nl.go.kr/kolisnet)에서 이용하실 수 있습니다.(CIP제어번호: CIP2011004996)

이 책은 한국간행물윤리위원회의 '2011년 우수저작 및 출판지원사업' 당선작입니다.

독도를 부탁해

전국사회과교과연구회 기획 · 감수
이두현 · 이인재 · 이용직 · 이다은 · 이준희 · 태지원 · 전혜인 지음

서해문집

여는 글

우리 모두의 독도가 되기를 바라며

울릉도 동남쪽 뱃길 따라 이백 리 외로운 섬 하나 새들의 고향 그 누가 아무리 자기네 땅이라고 우겨도 독도는 우리 땅

어릴 적 아무 생각 없이 그냥 노랫말이 재미있어 수없이 따라 불렀던 노래 '독도는 우리 땅'이다. 하지만 이젠 더 이상 이 노래는 그저 재미있게 부를 수 있는 노래가 아니다. 최근 몇 년 사이 독도에 대한 일본의 야욕이 커져만 가고 있기 때문이다.

지금 세계의 많은 나라는 자국과 가까이에 있는 섬과 바다를 두고 다른 나라와 치열한 각축전을 벌이고 있으며 심지어 총성까지 오가는 전쟁도 불사하고 있는 실정이다. 이러한 상황에서 일본은 독도를 분쟁 지역화하려고 다각적인 노력을 기울이고 있으며 일부 국가에서는 독도를 한일 간의 분쟁 지역으로 인식하는 결과를 낳았다. 일본의 적극적인 활동을 신문이나 텔레비전 뉴스에서 주요 이슈로 다루게 되면서 이를 접한 우리 국민도 적극적으로 대응해야만 할 문제로 인식하게 되었다.

한때 "외로운 섬 하나 새들의 고향"으로만 불리던 독도였지만, 지금은 모습이 많이 바뀌었다. 독도로 거주지를 옮긴 사람도 있고, 여객선이 오고 갈 수 있는 선착장이 만들어져 많은 관광객이 찾고 있는 관광 명소가 되었다. 심지어 독도를 소재를 한 문화, 홍보 사업이 전개되기도 한다.

지금까지 '독도'를 주제로 삼아 출판된 도서를 보면 우리나라의 영토 문제에 대한 역사적 사실이나 국제법을 통해 접근하는 방식이 대부분이었다. 특히 학술 도서가 많았는데 그러한 책은 너무 어려워 청소년과 일반 독자가 쉽게 읽을 수 없었다.

따라서 이 책은 독도의 역사적 관점에만 치우쳐 기술하던 단순한 학술적 연구에서 벗어나 다양한 경로를 통해 독도에 대해 쉽게 이해하고 다가갈 수 있도록 했다. 역사나 국제법에 대한 전문적 지식을 가지고 있지 않아도 청소년과 일반 독자가 흥미를 갖고 이해하는 데 어려움이 없도록 하기 위해 노력했다. 이를 위하여 다음과 같은 점에 중점을 두고 집필하였다.

첫째, 일반 독자가 독도에 대해 흥미를 가질 수 있는 주제를 선정하고 이에 관심을 가질 수 있도록 최대한 쉽게 내용을 전개하도록 하였다.

둘째, 단순히 역사적인 관점에만 치우쳐 기술하는 것을 지양하고, 독도의 지정학적 위치와 자연환경뿐만 아니라 자원·경제·사회·법 등 다양한 관점에서 그 특징을 기술하도록 하였다.

셋째, 내용을 전개하는 과정에서는 각 단원별로 그 주제에 알맞은 전개 방식을 유지하도록 하였다. 특히, 독도의 자연환경에 대한 기술은 다양한 사진 및 그래프 등 이미지 자료를 활용하여 기술하고, 역사적 접근이나 국제법상의 접근은 상대적으로 쉽게 설명하도록 하는 도서를 집필하고자 했다.

이 도서를 통해 많은 독자가 독도에 대해 큰 관심을 가지고 좀 더 쉽게 접근할 수 있길 바란다. 더 나아가서 우리가 밟고 있는 이 땅 한반도에 대한 다양한 관심과 지식을 쌓고 21세기 세계화 시대에 다른 나라와 어울려 살 수 있는 합리적 고민을 할 수 있는 계기가 되었으면 한다.

《독도를 부탁해》는 학습 도서이자 교양 도서의 성격을 동시에 갖는다. 한 장 한 장 넘겨가면서 우리가 잘 알지 못했던 독도의 비밀과 자연환경의 경이로움에 감탄하는 것뿐만 아니라 우리 국토의 소중한 가치를 깨닫는 즐거움을 만끽할 수 있길 기대한다.

연구 결과를 토대로 쉽게 쓸 수 있을 것이라 생각했던 이 도서는 집필을 시작한 후 청소년을 비롯한 일반 독자층의 눈높이를 맞추기 위해 2년이라는 기간 동안 지속적인 수정 작업을 거쳤다. 어려운 과정 속에서 이 도서를 집필하고 출판하는 데 함께 노력해 준 여러 선생님들, 그리고 검토에 함께 참여해 준 안지혜 작가님, 책이 출판되기까지 하나하나 신경 써 주신 서해문집에 감사를 표하는 바이다.

저자를 대표하여 **이 두 현**

차 례

4장 한일 역사에 등장하는 독도

5장 영토 분쟁과 국제법, 그리고 독도

6장 독도를 기점으로 회복해야 할 우리 바다

1장

우리나라의 끝, 너는 어디까지 가 봤니?

01

우리나라의 4극

한 나라의 주권, 즉 주인 된 권리의 영향이 미치는 범위를 '영역'이라고 하는데 영역은 땅인 '영토'와, 바다인 '영해', 그리고 영토와 영해 위의 하늘인 '영공'으로 구성되어 있다. 그중 영토는 대한민국 헌법 제3조에 "대한민국의 영토는 한반도와 그 부속 도서로 한다"라고 되어 있고 남북을 합친 한반도 전체를 말한다.

한반도의 가장 북쪽인 북단은 함경북도 온성군 유포면으로 북위 43도 00분 35초에 위치하고 있다. 백두산에서 발원한 두만강이 중국과 경계를 이루고 있는 곳이며 가장 추운 달최한월인 1월의 평균기온이 영하 10도 정도로 겨울이 춥고 길며 연강수량은 약 700~800밀리미터 정도의 소우지다. 서리가 내리지 않는 기간인 무상일수도 약 160~180일 정도로 남쪽에 있는 제주도의 1/2에 불과해 농사를 짓기에는 불리한 조건이다. 분단 때문에 지금은 직접 밟아 볼 수 없는 지역이지만 그곳 역시 엄연한 우리의 영토이며, 우리나라의 제일 위쪽에 위치한 북단임에는 틀림없다.

이와는 반대로 제일 아래인 남단은 '마라도'다. 제주도의 남쪽 용머리 해안에서 맑은 날에는 가파도와 함께 선명하게 보이는, 면적이 약 0.3제곱킬로미터의 작은 섬으로, 걸어서 한 시간 정도면 섬 전체를 한 바퀴 돌 수 있다. 마라도는 천연기념물 423호로 지정된, 북위 33도 06분 40초에 위치하고 있는 화산섬으로 우리나라에서 가장 저위도인 남쪽에 위치하며 평균기온이 높아 난대성 해양 동식물이 많이 자라고 있다. 섬의 둘레는 파도의 침식에 의해 형성된 급경사의 절벽인 해식애로 이루어져 있으며 약 100명의 주민이 거주하고 있다. 지난 1985년, 1987년, 1992년에는 '범죄 없는 마을'로 지정되기도 했다. 예전에는 소를 기르거나 고구마 등 밭작물을 재배하거나 해녀의 물질 등 어업이 주였는데 2007년 제주 올레 길이 개발되어 제10－1코스로 가파도가 지정되면서 마라도도 덩달아 관광객이 증가해 이제는 민박을 비롯한 관광 수입이 주민의 중요 소득원이다. 마라도는 산이 없는 평탄한 지형인데 골프장에서 주로 이용하는 전기 카트 차량이 주요 교통수단이다. 섬의 남단에는 '대한민국최남단비'가 세워져 있다.

우리나라에서 해가 가장 늦게 지는 서단은 평안북도 용천군 신도면 마안도의 서쪽 끝부분으로 압록강과 서해가 만나는 곳에 위치하고 있다. 정확한 위치는 동경 124도 11분 45초이며 압록강에서 흘러나온 토사가 서해와 만나면서 유속이 느려져 쌓인 삼각주가 바로 마안도다.

우리나라에서 해가 제일 일찍 뜨는 가장 동쪽은 바로 독도다. 독도의 정확한 위치는 동경 131도 52분 22초인데, 독도는 화산 활동으로 형성된 화산섬이다. 노래 가사에도 나오듯이 '울릉도 동남쪽 뱃길 따라 200리……' 즉 울릉도의 동남쪽 약 88킬로미터47해리 거리에 위치하고 있다.

마라도 '대한민국최남단비'.

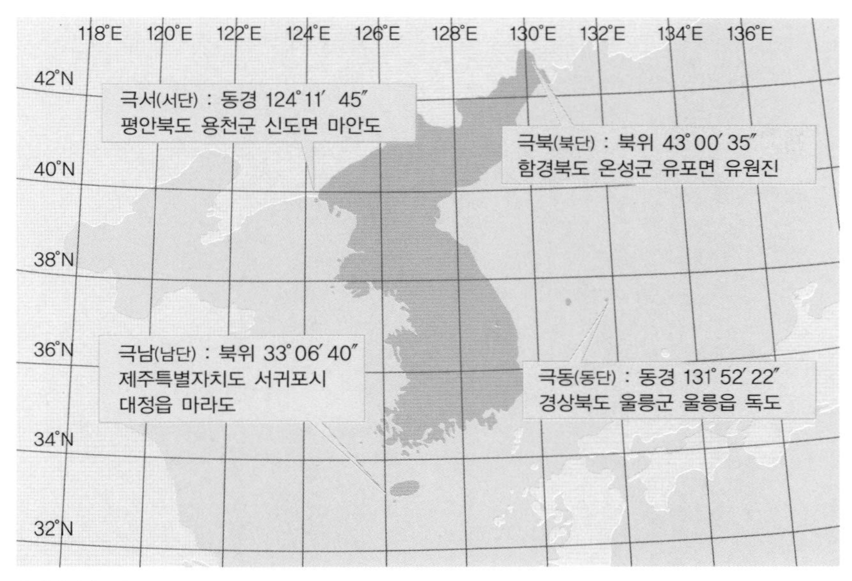

우리나라의 4극.

독도에서 가장 가까운 유인도인 울릉도에서는 87.4킬로미터, 그리고 일본 영토 중 독도와 가장 가까운 오키 섬에서는 약 157.5킬로미터86해리 떨어진 곳에 위치하고 있다.

분단이 가져온 2개의 북단, 2개의 서단

한국전쟁 이후 한반도 허리에 휴전선이 그어지고 나서 생긴 불미스러운 일이 바로 2개의 북단과 2개의 서단이 존재한다는 것이다. 휴전선이 생겨도 변함이 없는 남단 마라도와 동단 독도와 달리 서단과 북단은 휴전선 남쪽에 하나씩 더 생겼다는 이야기다.

휴전선 아래 북단은 강원도 고성군 명호리 일대로 북위 38도 36분

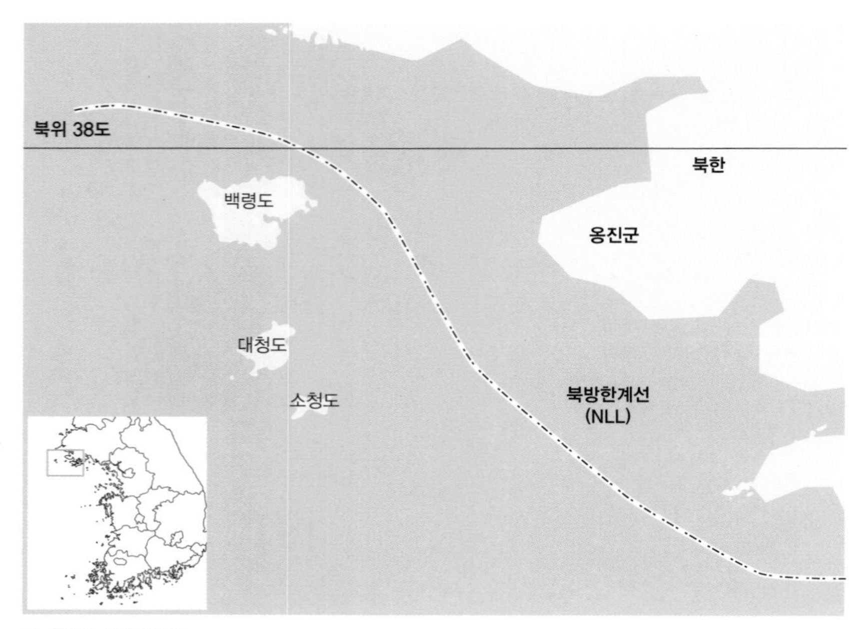

또 하나의 서단 백령도.

에 해당된다. 이곳은 금강산 육로 관광의 길목에 있으며 바로 앞에 금강산이 보이는 통일 전망대가 위치하고 있어 해금강과 구선봉 등 금강산을 바라볼 수 있는 곳이다.

또한 휴전선 아래 서단은 인천광역시 옹진군 백령면 연화리로 동경 124도 37분에 해당된다. 북한과 인접하고 있어 긴장감이 높은 지역이다. 사곶 천연 비행장과 사곶 해수욕장, 콩돌 해안 등이 관광지로 유명한 백령도가 우리가 실질적으로 자유롭게 다닐 수 있는 서단이다.

우리 중에는 남북통일이 꼭 돼야 하나 하는 의문을 가진 사람이 있다. 하지만 남북통일은 여러 가지 이유로 꼭 필요하다. 그 이유 중 하나가 헌법에 쓰여 있는 우리의 명백한 영토인 한반도를 온전히 회복하는 것이다. 통일이 되어 우리 국민 모두가 4극을 마음대로 밟을 수 있어야 한다.

한반도 배꼽 논쟁

일반적으로 사람의 중심을 '배꼽'이라고 한다. 그런데 '중심'은 기준이 어디냐에 따라 달라진다. 신체의 팔다리를 포함한 전체를 기준으로 하는지, 몸통만 놓고 따졌을 때인지, 몸의 무게 중심을 말하는지 등 그 기준에 따라 사람의 중심은 다르다.

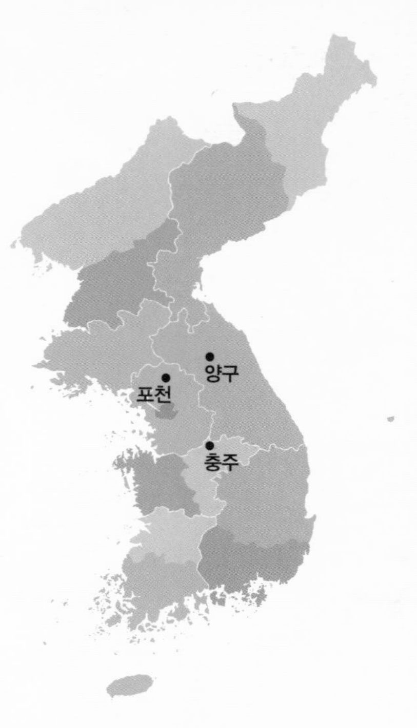

이와 비슷하게 우리나라 국토의 중앙 '배꼽'에 대한 이야기도 다양하게 나올 것이다. 단순하게 국토의 정의를 '한반도와 그 부속 도서'라고 말할 때 섬까지 모두 포함한다면 4극을 기준으로 한 가운데를 지나는 중앙 경선과 중앙 위선이 만나는 지점인 국토의 중앙은 동경 128도 02분 5초, 북위 38도 03분 37.5초로 이 지역은 강원도 양구군 남면 도촌리 산 48번지다. 그러나 섬을 제외한 한반도만을 놓고 보았을 때는 경기도 포천시가 중심이다. 충청북도 충주는 과거 지명이 중원(中原), 즉 '국토의 중앙'이라는 의미인데 이는 신라, 고구려, 백제의 문화적 중심지라는 뜻이 담겨져 있으며 중앙탑(中央塔)인 '중원탑평리칠층석탑'이 있어서 역사적으로 국토의 중심이라고 주장한다. 이렇게 한반도의 배꼽 논쟁이 뜨거운 이유는 이를 인정받음으로써 관광 활성화로 인한 경제적 효과를 누릴 수 있기 때문이다. 그래서 해당 지자체가 앞장서 국토의 중심으로 인정받으려고 노력하고 있다.

서울 청량리역에 있는 양구 광고. '자연 중심'이라는 문구를 사용하면서 '국토 정중앙'임을 강조하고 있다.

강대국에 의해 생긴 또 하나의 북단과 서단은 하루빨리 나아야 할 전쟁의 상처다.

독도야, 어디 있니?

독도가 우리 땅이라는 사실은 대부분 다 알고 있지만 독도가 어디에 위치하고 있는지 정확히 알고 있는 사람은 적다. 단지 '동해의 중간쯤에 있으며 동쪽 끝', '울릉도 옆' 등 대부분의 사람들은 독도의 위치를 이렇게 생각한다.

아래 문제를 한번 풀어 보자. 독도와 비교하기 위해 제주도와 울릉도도 추가해 보았다. 우리나라의 주요 섬 3개, 제주도 · 울릉도 · 독도의 정확한 위치를 골라 보자.

1. 제주도의 정확한 위치를 '1~5번' 중 고르면?

① 1 ② 2 ③ 3 ④ 4 ⑤ 5

2. 울릉도의 정확한 위치를 '가~마' 중 고르면?

① 가 ② 나 ③ 다 ④ 라 ⑤ 마

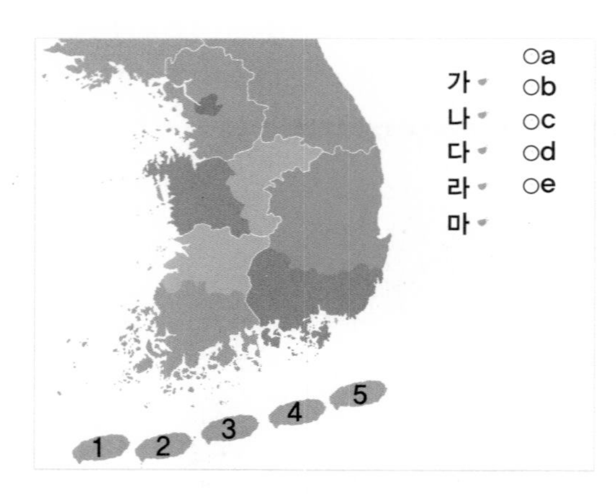

3. 독도의 정확한 위치를 'a~e' 중 고르면?

① a ② b ③ c ④ d ⑤ e

여러분은 몇 번을 정답으로 골랐는가? 생각보다 쉽지 않았을 것이다. 정답은 그림과 같이 제주도는 2번, 울릉도는 '나', 독도는 'c' 이다.

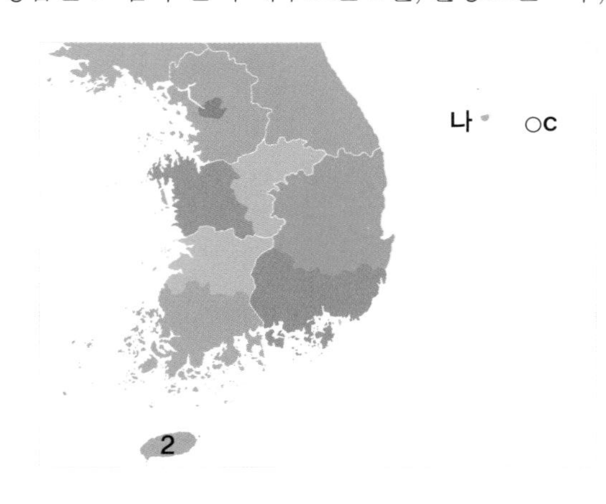

제주도는 천혜의 자연환경으로 세계 자연 유산에 등재되었고, 최근에는 세계 7대 경관에도 선정되어 사시사철 관광객이 북적이고, 많은 사람이 찾는 유명 관광지다. 또한 제주도는 우리나라에서 가장 큰 섬으로 대부분의 사람이 중·고등학교 시절 수학여행으로 다녀왔을 정도로 친근한 섬이다. 그럼에도 위 문제에 답한 여러분 중에는 제주도가 우리나라 남쪽의 한가운데에 위치하고 있다고 생각한 사람도 있었을 것이다. 하지만 제주도는 남해의 서쪽으로 치우친 전라남도 남쪽에 위치하고 있다.

우리나라에서 가장 큰 섬 제주도의 위치를 알아 보았다. 그렇다면 울릉도는 정확히 어디일까? 울릉도는 '나'가 정확한 위치이다. 울릉도는 제주도보다 정확한 위치를 고르기가 더 어려웠을 것이다. 행정 구역상으

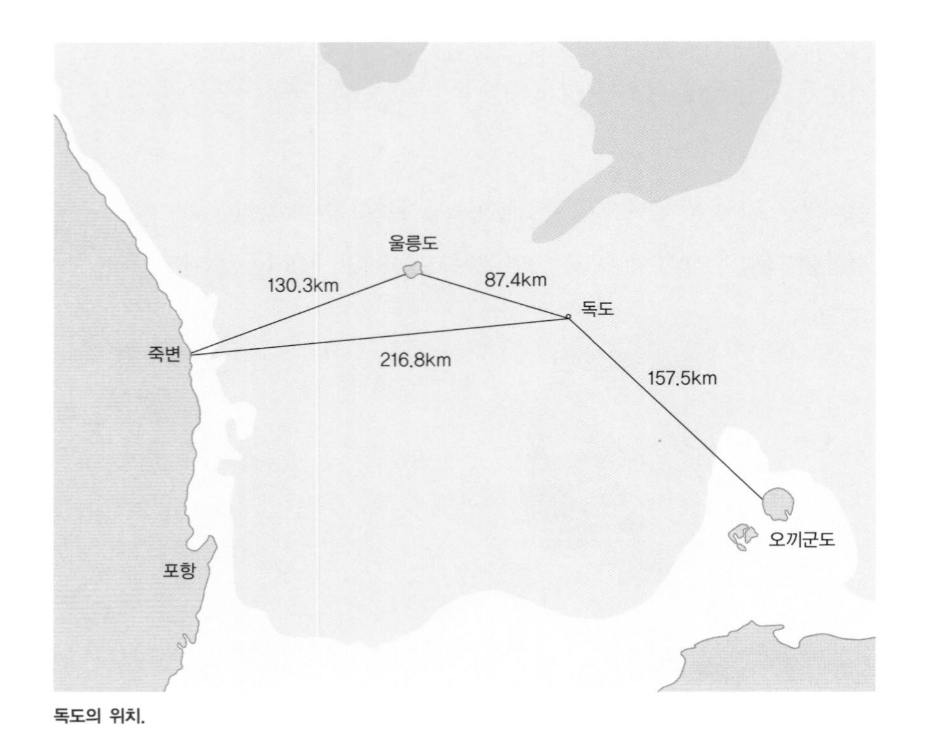

독도의 위치.

로 경상북도이다 보니 울릉도가 경상북도의 앞바다 어디쯤에 위치하고 있을 것이라 생각한 사람이 여러분 중에 있었을 것이다. 또 '남북으로 긴 우리나라의 동해 중간쯤에 있지 않을까?' 하고 막연하게 생각하는 사람도 있었을 것이다.

이제 이 책의 주인공, 독도의 위치를 정확히 알아보자. 독도의 위치를 알기 위해서는 먼저 울릉도의 정확한 위치를 알아야 한다. 그래야 그 옆에 있는 독도의 위치를 찾을 수 있으니 말이다. 하지만 여기에도 함정은 있다. 독도가 울릉도의 정동 쪽에 위치해 있다고 생각하는 사람이 의외로 많기 때문이다. "울릉도 동남쪽 뱃길 따라 200리" 하고 노래를 줄기차게 불렀지만 지도에서 독도의 정확한 위치를 확인해 본 사람이 과연 몇이나 될까?

독도는 우리 땅이라고 주장하고 독도에 대한 역사적 사실을 학습하는 것도 중요하지만 그에 앞서 정확한 위치를 알아보는 것도 매우 중요하다. 좋아하는 사람이 생기면 그 사람이 어디에 살고 무엇을 먹고 마시는지 궁금해 하는 것처럼 '독도 사랑'의 출발점은 독도가 정확히 어디에 있는지 확인하는 데 있다.

02

독도, 동쪽 끝이 아닌 동쪽의 시작

01 우리나라의 4극
분단이 가져온 2개의 북단, 2개의 서단
한반도 배꼽 논쟁
독도야, 어디 있니?

03 미디어 속 독도
광고에 출연한 독도
독도가 광고에 출연한 속사정
일본의 거짓 주장을 막으려고 광고에 나선 독도

02 독도, 동쪽 끝이 아닌 동쪽의 시작
독도의 수리적, 지리적, 관계적 위치
동쪽의 시작, 대한민국의 시작, 동해의 시작, '독도'
독도의 각종 현황

독도의 수리적 · 지리적 · 관계적 위치

독도통합표준지침2011년 9월 8일 개정, 독도연구소 · 동북아역사재단을 보면 독도는 '동도'와 '서도', 두 개의 섬 등 89개의 섬으로 구성되어 있다. 동도와 서도는 해수면이 가장 낮을 때를 기준으로 151미터 정도 떨어져 있다.

독도의 동도와 서도를 경도와 위도의 숫자로 표현하는 수리적 위치로 보면 동도는 북위 37도 14분 26.8초, 동경 131도 52분 10.4초이고, 서도는 북위 37도 14분 30.6초, 동경 131도 51분 54.6초다.

수리적 위치에서 경도는 1884년 영국의 수도 런던 동남쪽에 위치해 있었던 그리니치천문대를 GMTGreenwich Mean Time 국제 표준시, 즉 시간의 기준으로 하며 둥근 지구를 동경 180도와 서경 180도로 나눈다. 지구가 총 360도이기 때문에 360도를 하루 24시간으로 나누면 15도마다 각 지방의 시간의 기준이 되는 표준 경선이 존재하는 것이다. 동서로 긴 러시아의 경우 무려 11개의 표준 경선을 사용하지만 우리나라는 동서로 좁고 남북으로 긴 나라이기 때문에 우리나라의 시간을 결정하는 표준 경선은 GMT보다 9시간이 빠른 동경 135도 선을 사용하는데 독도는 이와 거의 일치하는 곳에 있다.

수리적 위치의 위도는 어떤 지역의 기후를 결정한다. 지구가 둥근 공 모양이기 때문에 태양에너지의 입사각이 위도에 따라 달라지는데 적도 주변은 태양빛이 직각으로 쏟아져 태양에너지의 과잉으로 온도가 높아 열대기후가 나타나고, 반대로 극지방은 태양빛의 입사각이 작아 열이 부족하여 한대기후가 나타난다. 따라서 적도를 중심으로 북극과 남극으로 갈수록 순서대로 열대기후, 온대기후, 냉대기후, 한대기후가 나타나는 것이다. 독도는 북위 37도 부근에 위치한 북반구의 중위도 지역이기 때문에 온대

기후 지역에 해당된다.

우리나라는 지리적으로 유럽과 러시아가 포함된 유라시아 대륙의 동쪽 해안에 위치한 반도국이다. 대륙의 동안에 위치하여 기후적 특징이 대륙의 영향을 많이 받으며 연중 가장 추운 달최한월과 가장 더운 달최난월의 평균기온의 차이인 '연교차'가 크다는 특징이 있다. 하지만 독도는 이러한 전반적인 우리나라 지리적 위치의 특징과 다르게 동해 가운데에 있는 섬이기 때문에 기후적 특징에서 대륙의 영향이 적다. 가장 추운 1월 평균기온이 섭씨 1도, 가장 더운 달인 8월 평균기온이 섭씨 23도로 연교차가 22도 정도다. 우리나라에서 연교차가 가장 적은 곳이 20도 정도, 가장 큰 곳이 40도 정도인 것을 감안하면 굉장히 적은 편이다. 이는 독도가 섬이라는 지리적 위치로 인해 비열이 큰 바다의 영향을 많이 받고 있으며 난류까지 주변 해역에 흘러 기후에 영향을 주기 때문이다.

주변 국가 등의 관계에서 본 관계적 위치는 시간의 흐름에 따라 변화한다. 조선 시대에는 중국이라는 당시 아시아 권력의 중심에 있던 나라의 주변에 있어 '주변적 위치'였지만, 지금은 동북아시아의 물류 · 교통 · 경제 · 문화 중심지로 자리 잡아 '동북아시아의 중심'이라 불리고 있다. 독도를 관계적 위치로 살펴보면 동해의 중심적 위치라고 말할 수 있다. 위로는 러시아, 왼쪽에는 한반도, 오른쪽과 아래에는 일본이 있는 동해의 한가운데로 전략적으로 중요한 위치에 있으며, 북태평양에서 올라오는 쿠로시오 난류의 한 줄기인 동한 난류와 북한 한류가 만나는 경계 지점에 위치하고 있어 풍부한 어족 자원이 있는 조경 수역이라는 점도 독도의 중요한 위치적 특징이라 할 수 있다.

동쪽의 시작, 대한민국의 시작, 동해의 시작, '독도'

독도를 일반적으로 우리나라의 동쪽 끝이라고 한다. 그리고 태양은 지구의 자전 때문에 동쪽에서 뜨고 서쪽으로 진다. 그래서 독도는 우리나라 영토 중에서 일출이 가장 이른 곳이다. 즉 하루가 가장 먼저 시작되는 곳이자 일 년 중 새해가 가장 먼저 시작되는 곳이다. 만약 독도가 없다면 우리나라의 아침은 울릉도와 독도의 거리만큼 늦어진다고 할 수 있다. 그러므로 독도에서부터 대한민국이 시작된다고 해도 과언이 아니다. 아마도 출입이 자유롭고 동해의 겨울 파도가 잔잔하고 평온하다면 매년 새해 첫 해를 보

독도의 일출.

기 위한 사람으로 독도는 그 어떤 곳보다도 붐빌 것이다.

일본과 배타적 경제수역이 중복되어 현재는 일본과 함께 사용하는 중간수역에 독도가 들어가 있는 안타까운 현실이지만 그럼에도 불구하고 분명한 것은 우리나라의 영역인 영토 · 영해 · 영공은 해가 제일 먼저 뜨는 동쪽의 시작, 독도에서 시작된다는 사실이다.

독도의 각종 현황

독도의 새주소

현재 독도의 정확한 주소는 경상북도 울릉군 울릉읍 독도리 1-96번지이며 우편번호는 799-805다. 하지만 독도는 이제 새주소를 갖게 된다. 정부에서 주소의 기준을 지번에서 '도로명과 건물 번호'로 바꾸면서 2012년부터 도로명 주소가 새롭게 생긴 것이다. 독도의 주요 건물에 주어진 새주소는 다음과 같다.

동도 : (독도경비대) 경상북도 울릉군 울릉읍 독도리 이사부길 55
(독도등대) 경상북도 울릉군 울릉읍 독도리 이사부길 63

서도 : (주민숙소) 경상북도 울릉군 울릉읍 독도리 안용복길 3

항 목	내 용	비 고
울릉도와 독도 간 거리 경북 울진 죽변과 독도 간 거리 경북 울진 죽변과 울릉도 간 거리 독도와 오키 섬 간 거리	87.4km(47.2해리) 216.8km(117.1해리) 130.3km(70.4해리) 157.5km(85.0해리)	간조 시 해안선 기준 최단 거리
독도의 면적	187,554㎡	
동도, 서도, 부속 도서의 면적	73,297㎡, 88,740㎡, 25,517㎡	
동도와 서도 간 거리	151m	간조 시 해안선 기준 최단 거리
부속 도서의 개수	동 · 서도 외 89개	
독도 좌표(동도 좌표)	북위 37도 14분 26.8초 동경 131도 52분 10.4초	최고위점
서도 좌표	북위 37도 14분 30.6초 동경 131도 51분 54.6초	최고위점
독도 높이(서도 높이)	168.5m	
동도 높이	98.6m	
독도의 둘레	약 5.4km	
동도와 서도의 둘레	약 2.8km, 2.6km	

03

미디어 속 독도

01 우리나라의 4극
분단이 가져온 2개의 북단, 2개의 서단
한반도 배꼽 논쟁
독도야, 어디 있니?

03 미디어 속 독도
광고에 출연한 독도
독도가 광고에 출연한 속사정
일본의 거짓 주장을 막으려고 광고에 나선 독도

02 독도, 동쪽 끝이 아닌 동쪽의 시작
독도의 수리적, 지리적, 관계적 위치
동쪽의 시작, 대한민국의 시작, 동해의 시작, '독도'
독도의 각종 현황

광고에 출연한 독도

전 세계인이 즐겨 본다는 세계적인 유력 매체 〈뉴욕타임스〉, 〈월스트리트저널〉, 〈워싱턴포스트〉 등에 독도와 동해 광고가 최근 자주 등장하고 있다. 2011년 6월에는 포항에서 출발, 울릉도와 독도를 거쳐 다시 포항으로 돌아오는 삼각 코스인 '제4회 코리안 컵 요트 대회'를 홍보하는 전면 광고가 독도를 배경으로 요트가 떠 있는 모습으로 떡하니 〈월스트리트저널〉에 실렸다. 이 광고는 'East Sea동해'에서 대회가 열리는 것을 세계에 알리면서 동해의 명칭을 강조하고, 또한 우리의 영토와 영해인 독도의 주변에서 이런 행사를 얼마든지 개최할 수 있다는 것을 세계에 알리는 홍보 효과도 노린 것이다.

〈월스트리트 저널〉에 실린 광고.

광고에 등장한 독도는 이뿐만이 아니다. 독도를 지키는 로봇 태권V가 섬 아래 있어 편안하다는 아파트 광고가 오래전에 방영됐던 적이 있다. 또, 독도를 의인화해 독도가 가장 듣고 싶은 말은 '독도는 한국 땅입니다'라는 것을 강조한 금융업체의 광고도 있었다. 또한 미국 뉴욕의 전광판에도 '독도는 한국의 섬'이라는 광고가 등장해 한때 사회적 이슈가 되기도 했다.

독도가 광고에 출연한 속사정

광고의 성패는 대중의 관심으로 결정 난다. 얼마나 인지도를 높일 수 있느냐, 시선을 끌 수 있느냐에 성공과 실패가 결정된다. 그래서 뭔가 독특한

뉴욕의 전광판 광고에 나온 독도.

아이디어로 사람들의 호기심을 유발하기도 하고, 인기 있는 모델을 등장시키는 등 다양한 방법이 활용된다. 또한 광고에는 그 시대의 최대 관심사가 등장한다고 할 수 있다. 7, 80년대 광고를 보면 당시 사람들의 주요 관심사가 무엇인지 알 수 있다. 무엇을 주로 먹고 마시고, 어떤 자동차를 타고, 어떤 생활을 했는지 파악할 수 있다. 그렇기 때문에 광고는 한 시대의 모습을 잘 보여 주는 기준과 같은 영상이라 할 수 있다.

이와 같은 특징이 있는 광고에 독도가 자주 등장하는 것은 그만큼 사회적으로 큰 이슈이기 때문이다. 나아가 독도는 웬만한 연예인보다 광고 효과가 좋다는 것을 의미한다. 한 가지 아쉬운 점은 일본의 억지 주장 때문에 우리 땅임을 주장하기 위해 독도가 광고에 자주 등장한다는 점이다. 다시 말해 너무도 당연한 사실이 일본 한 나라의 억지 주장에 의해 거짓으로 왜곡되고 그래서 그것이 사회적 이슈가 되고 관심거리가 되는 현실이 독도를 광고에 등장시킨 것이다.

일본의 거짓 주장을 막으려고 광고에 나선 독도

독도가 광고에 등장한다는 것 자체가 그리 기분 나쁜 일은 아니다. 우리나라의 텔레비전이나 신문, 또는 세계의 언론에 우리 땅, 독도가 출연한다는 것 자체는 정말 기분 좋은 일이다. 하지만 그 출발이 '일본의 억지 주장에 대한 대응'이기에 마음 한구석이 답답해진다.

조금만 관심을 가지고 조사해 보면 수많은 자료에서 독도는 우리 땅임을 밝혀낼 수 있다. 하지만 이런 분명한 자료도 일제 식민지와 제2차 세계대전을 거치면서 왜곡되어 그들의 억지 주장을 뒷받침하는 자료로 악용된다는 사실이 우리 마음을 아프게 한다.

해양자원의 중요성과 각국의 배타적 경제수역EEZ 선포 등으로 세계 각국은 바다에 관심을 더 많이 갖게 되었고, 경제적 · 정치적 · 지리적으로 중요한 독도를 자기 영토라고 주장하는 일본의 행동은 2005년 시마네 현의 '다케시마의 날' 제정을 출발점으로 더욱 가속화되었다. 그 후 일본은 안중근 의사의 하얼빈 의거가 소위 한일합방의 원인이라는 내용이 들어간 왜곡된 교과서를 편찬했다. 그러더니 급기야 독도 영유권을 주장하는 잘못된 내용이 들어간 교과서를 '3·11 일본 대지진' 와중에서도 검정을 통과시키는 열의를 보이며 독도를 뺏으려는 욕심을 버리지 못하고 있다. 그래서 독도의 광고 출연은 앞으로도 계속될 수밖에 없다.

2장

독도야, 간밤에 잘 잤느냐?

04

독도, 넌 어디에서 왔니?

04 독도, 넌 어디에서 왔니?
불의 고리, 환태평양 조산대
동해물과 백두산이 마르고 닳도록
독도의 탄생
화산활동이 만든 다채로운 지형

05 독도, 천혜의 자연환경
여기는 독도 천연 보호 구역
다양한 생명체의 보금자리
독도의 봄, 여름, 가을, 겨울
개발이냐, 보전이냐 그것이 문제

06 그 섬에 가고 싶다
나를 그곳으로 데려다 주오
독도에는 누가 살까
5000만 모두는 독도 수비대

불의 고리, 환태평양조산대

2011년 3월 11일 금요일 오후 2시 46분경, 일본 북동부 해저에서 리히터 규모 9의 지진이 발생하여 전 세계를 놀라게 했다. 사망 및 실종자가 5만여 명에 이르는 막대한 인명 피해와 재산 피해, 그리고 뒤이은 원자력발전소의 폭발 사고로 많은 이들을 혼란에 빠트리고 또 두려움에 떨게 했다.

지진이 있기 한 달 전쯤인 2011년 1월 말경부터 2월 초순 사이에는 일본 규슈 남부 미야자키 현과 가고시마 현 경계에 위치한 화산에서 십여 차례에 걸쳐 폭발이 있었다. 예측이 가능했던 분화였기에 사람들이 미리 대피하여 인명 피해는 크지 않았지만, 화산재와 화산가스가 상공 2000미터까지 치솟으며 일대가 검은 재로 뒤덮여 해당 지역에 막대한 피해를 주었다.

또한 지진이 일어난 직후인 3월 15일, 지진으로 인한 충격에서 채 벗어나기도 전에 규슈 지방에서 또 한 차례 화산이 폭발하여 화산재가 4000미터 상공까지 솟아오르는 장면이 언론에 보도되어 불안감을 증폭시키기도 했다. 왜 우리나라와 가까운 이웃 나라 일본에서는 지진, 화산과 같은 자연재해가 끊임없이 반복되는 것일까?

이는 판구조론plate tectonics으로 설명할 수 있다. 지구의 표면은 6개의 큰 판과 여러 개의 작은 판으로 마치 퍼즐 조각처럼 나뉘어 있다. 이들 판은 서로 다른 방향으로 서서히 제각각 움직이고 있는데, 이때 인접해 있는 판은 서로 맞물리며 충돌하기도 하고 서로 멀어지며 분열하기도 한다. 대륙판과 해양판이 충돌하는 경우, 무거운 해양판이 가벼운 대륙판 밑으로 밀려 들어가면서 생기는 마찰과 균열로 인하여 지진이 발생하고, 화산도 이러한 곳을 따라 집중적으로 분포한다.

일본 규슈 화산의 화산재 분출.

실제로 지구 전체에서 발생하는 지진의 90퍼센트 이상은 불의 고리 Ring of fire라고도 불리는 환태평양조산대에서 발생한다. 환태평양조산대에 속한 지역 중에서 특히 일본은 지진이 자주 발생하고 강진의 발생 빈도가 높은데, 그 이유는 네 개의 지각 덩어리유라시아 · 필리핀 · 태평양 · 북아메리카판가 만나는 접점에 위치하고 있기 때문이다. 하필이면 이런 위치에 자리 잡고 있는 일본이 운이 없다는 생각을 할 수도 있지만, 사실 이런 위치에 있기 때문에 일본 땅이 만들어질 수 있었던 것이다.

대부분의 화산활동은 일본 규슈의 화산과 같이 판의 경계를 따라 일어난다. 현재 지구상의 활화산은 약 500개 정도 되는데 이 중 절반이 환태평양조산대에 분포하고 있다. 이렇듯 화산은 대부분 판과 판의 경계에 자리한다. 그러면 우리나라의 대표적 화산인 울릉도와 독도도 판의 경계에 위치하고 있는 것일까?

그렇지는 않다. 마그마가 판의 경계가 아닌 지각 판 내부의 약한 틈을 타고 솟아오르는 경우도 있다. 이렇듯 판의 아래쪽 맨틀에 마그마가 모여 있다가 분출되는 고정된 지점을 열점hot spot이라 부른다. 맨틀과 핵의 경계인 약 3000킬로미터 지하에서 뜨거운 맨틀이 지표면으로 솟아 올라와 지각과 만나는 곳이 열점이다. 고정된 열점이 서서히 움직이는 지각 판을 달궈 화산활동이 일어나게 된 것이다. 태평양판에서 솟아오른 하와이를 비롯하여 우리나라의 독도, 울릉도, 제주도, 백두산 등은 열점으로 형성된 것으로 알려져 있다.

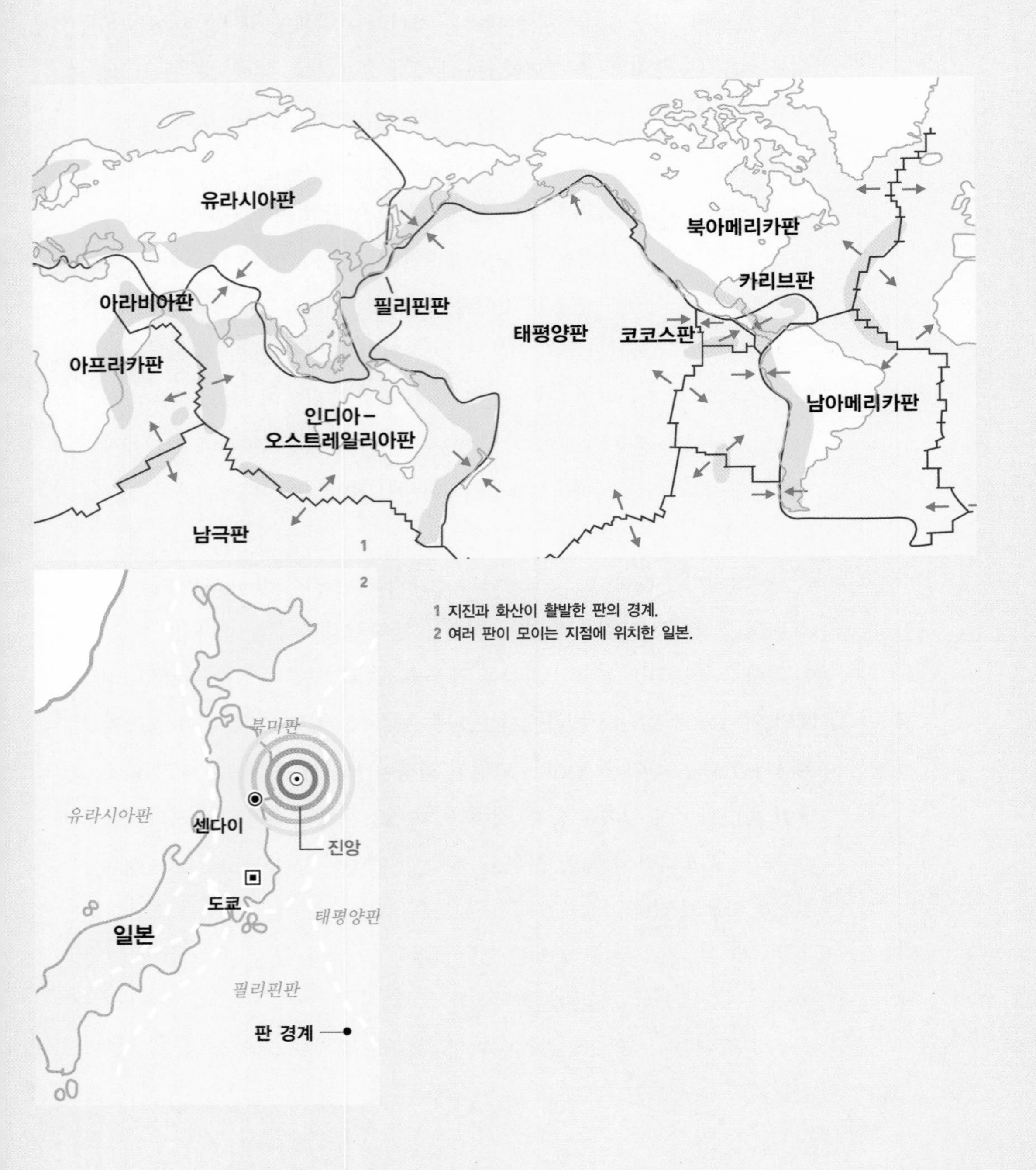

1 지진과 화산이 활발한 판의 경계.
2 여러 판이 모이는 지점에 위치한 일본.

대부분이 숨겨져 있어 겉으로는 보이지 않고 매우 작은 일부분만 노출된 상태를 '빙산의 일각'이라고 비유적으로 표현한다. 바다에 떠 있는 작은 얼음 덩어리처럼 보이는 빙산은 전체 크기의 10퍼센트 정도에 불과할 뿐, 실제로는 바닷속에 90퍼센트 정도의 몸체를 감추고 있는 것이다. 겉으로 보이는 빙산 조각으로는 전체 크기를 추측하기 어렵기 때문에 지금처럼 항해 기술이 발전하기 전에는 선박이 빙산에 부딪쳐 침몰하는 사고가 종종 생기기도 했는데, 영화로 만들어진 적이 있는 '타이타닉호'의 침몰도 이러한 빙산의 일각을 간과했기 때문에 생긴 사고다.

우리가 볼 수 있는 독도의 모습도 마치 빙산의 일각과 같다. 독도는 동도와 서도 외에도 89개의 부속 도서로 이루어져 있다. 동도는 고도 98미터, 서도는 고도 168미터 정도로 겉으로 보기에는 그리 크지 않은 두 개의 바위섬에 불과하다. 하지만 "동해물과 백두산이 마르고 닳도록"으로 시작하는 애국가의 가사처럼 실제로 동해의 물이 모두 말라 버린다면 그제야 독도의 진면목이 드러나게 될 것이다.

지구에서 바닷물을 모두 증발시키고 나면 육지와 해저가 연결된 거대한 땅덩이가 나타날 것이다. 해저도 육지만큼 지형이 복잡하다. 그중 울릉도 · 독도 근처의 해면 아래에는 3개의 거대한 해산海山이 분포하고 있다. 이들 해산은 바다 밑에서 화산활동으로 만들어졌고, 해수면 부근의 정상부는 파도에 깎여 평탄해진 평정해산해저 평정봉, 기요의 형태인데, 각각 독도해산, 심흥택해산, 이사부해산이라고 불린다.

이러한 해산은 앞 장에서 설명했듯이 지하 깊숙한 곳의 고정된 열점에서 화산활동이 일어날 때 만들어진 것이라 추정되며, 지각 판의 이동

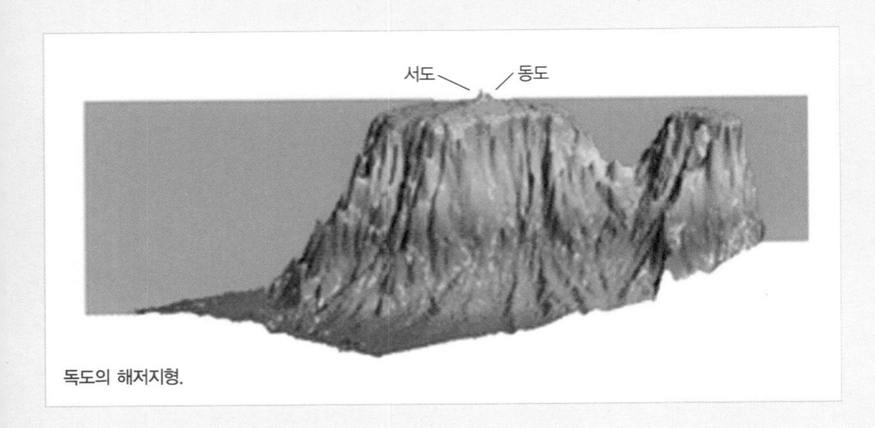

독도의 해저지형.

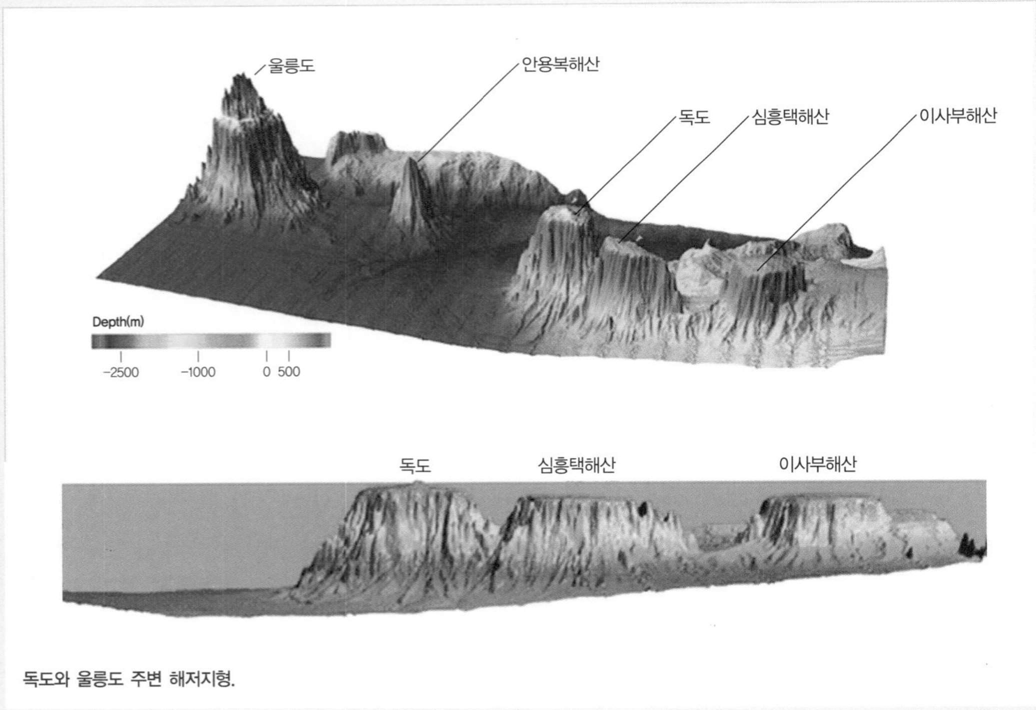

독도와 울릉도 주변 해저지형.

출처 : 국립해양조사원

을 고려해 볼 때 가장 동쪽에 있는 이사부해산부터 심흥택해산, 독도해산, 울릉도의 순으로 형성된 것으로 보인다.

독도의 규모를 해저에서부터 측정한다면 높이 2킬로미터, 직경 3킬로미터의 거대한 기저부가 형성되어 있다. 바닥에서부터 수심 약 200미터까지는 방패를 엎어 놓은 듯한 형상의 순상화산처럼 경사가 완만하지만, 정상부는 해수면 위로 뾰쪽하게 솟아올라 있는데 이것이 우리가 볼 수 있는 동도와 서도다. 해수면 아랫부분까지 합하여 독도해산이라고도 부르며 우리가 보는 독도는 이 해산의 정상부 일부분에 해당된다. 이는 해발고도 1950미터의 한라산보다도 높은 것이니 그 거대함은 바닷속에 감춰진 빙산과도 같다.

독도의 탄생

독도의 생성 연도는 신생대 3기의 플라이오세 기간약 450만 년 전~250만 년 전에 최소 4번 정도의 해저 화산 분출에 의해 형성되었으며, 이 시기는 울릉도약 250만 전~1만 년 전 및 제주도약 120만 년 전~1만 년 전의 생성 시기보다 훨씬 앞선 시기다. 크기로는 막내이지만 나이로는 사실상 독도가 제일 큰 형인 셈이다.

이러한 독도는 약 460만 년 전부터 여러 차례 반복되는 수중 화산활동으로 탄생되었다. 독도해산의 전체적인 형태는 여러 차례 분출된 용암이 층층이 쌓여 있는 성층화산의 특징을 보이고 있다. 독도해산의 하부는 묽은 용암이 흘러나오면서 마치 방패를 엎어 놓은 듯한 모양의 넓고 평평한 화산이 만들어져 있다. 이렇게 해수면 밑에서 조용한 분출이 이어지다가 수면에서는 물과 접촉하며 폭발적인 분출이 일어나 정상부에 분화구가

지질 시대의 구분

시대	기	세	특징
신생대	제4기	현세	플라이스토세 철원 용암대지 형성
	제3기	플라이오세 마이오세 올리고세 에오세 팔레오세	독도 형성, 울릉도 형성 시작 인도 데칸고원 용암대지 형성
중생대	백악기 쥐라기 트라이아스기		
고생대	페름기 석탄기 데본기 실루리아기 오르도비스기 캄브리아기		
선캄브리아			

만들어지기도 했다. 이후로도 계속되는 조용한 용암이 지반의 약한 틈을 타고 흘러나오며 다시금 화구가 막히게 되었고, 그다음 강력한 화산 폭발이 일어나면서 평탄한 화산 위에 경사가 급한 또 하나의 화산이 만들어져 해수면 위로 드러나게 된 것이다.

250만 년 전 독도가 화산활동을 멈췄을 당시에는 지금보다 수십 배 큰 현재 울릉도 규모의 화산체였을 것이라고 한다. 화산활동이 멈춘 다음 오랜 세월 동안 거센 파도의 침식작용으로 인해 수면 위로 드러나 있던 사면이 붕괴되어 현재의 독도가 탄생되었을 것이라고 추정해 볼 수 있다. 보통 이런 경우에 생성되는 암석은 화산재와 암편이 쌓여 형성되는 암석이므로 침식에 약하고 쉽게 풍화된다. 이 때문에 독도의 대부분 지역은 경사가 급해 토양층을 거의 형성하지 못하고, 또한 지반이 불안정하여 침식을 강하게 받게 된다. 그리하여 바다 위로 드러나 있던 독도의 상부는 대부분 침식되어 깎여 나가 버리고, 해수면 상승까지 겹치며 동도와 서도의 일부만 수면 위에 남게 된 것이다. 현재의 독도는 화산 분화구 바깥 테두리 중에서 남서쪽 일부가 남아 있는 것이라고 한다. 화구는 독도 북동쪽으로 수백 미터 떨어진 바다에 있는 것으로 추정된다.

화산활동이 만든 다채로운 지형

독도의 지형은 신생대 3기 말에 여러 차례에 걸친 화산활동에 의해 전체적 형태가 만들어지고 이후 지금까지 해수면 변동, 파도 · 바람 · 염분 등의 작용에 의해 다양하게 변화되어 왔다. 몇 십만 년의 세월이 흐르며 화산활동으로 만들어진 약한 성질의 바위가 천천히 깎여 다채로운 지형이 만들어진 것이다. 독도의 해수면 위로 드러나 있는 다양한 지형 경관은 크게 화산지형, 해안지형 및 기타 지형으로 나눌 수 있다.

독도 자체가 화산활동으로 만들어진 지형이긴 하지만 그중에서도 좀 더 세부적인 화산지형을 살펴보자면 주상절리를 그 대표적인 예로 들 수 있다. 마그마가 지표나 수중으로 분출된 이후에는 급속하게 냉각되는데, 이때 용암 표면에 여러 개의 수축 중심점을 기준으로 일정하게 수축이 일어난다. 중심점을 기준으로 수축되어 굳어 버린 용암은 벌집과 같이 정육각형의 형태를 띠는 기둥처럼 보인다. 이를 주상절리라 하는데 독도에서는 탕건봉 주변과 동도 선착장 부근의 숫돌바위, 서도 동쪽 사면 중앙부에서 관찰된다. 기둥처럼 세로로 형성된 일반적인 주상절리도 있고, 장작을 쌓아 놓은 듯한 수평 주상절리도 있다. 이러한 주상절리는 멋진 경관을

독도 화산활동의 흔적인 분화구.

주상절리가 관찰되는 독도의 숫돌바위.

연출하기는 하지만 동시에 암석의 풍화와 붕괴를 촉진시키는 불안정한 구조이기도 하다. 독도 외에도 울릉도의 국수바위 · 코끼리바위, 제주 중문의 대포동지삿개해안, 포항 달전리, 철원 한탄강 유역 등 우리나라 화산지대 곳곳에서 볼 수 있다.

다음으로는 해안지형에 대해 살펴보도록 하자. 우리가 볼 수 있는 독도는 동해 바닷속 여러 개의 해산 중 독도해산의 정상부의 평탄한 부분에 동도와 서도가 뾰족하게 해수면 위로 드러나 있는 부분이다. 그래서 동도와 서도 모두 해안의 대부분은 칼로 깎은 듯 날카롭고 가파른 해식애절벽가 분포하고 있다. 이러한 해식애 아래쪽, 파도가 직접 닿는 부분은 오랜 세월 지속적으로 깎여 나가 해식동굴이 만들어지기도 한다. 독립문바위, 코끼리바위, 군함바위, 천장굴 등과 같은 해식동굴이 독도의 특이한 경관을 형성하고 있다.

또한 보통 해식애의 하부는 파도의 침식을 받아 평탄하게 깎여 나

파도에 의해 형성된 해식동.

삼형제굴바위.

가 파식대라는 평탄한 지형이 만들어져 있다. 넓게 분포하는 파식대 위의 약한 암석은 침식되어 제거되고 상대적으로 단단한 암석만이 파도의 침식에도 굴하지 않고 견뎌 낸 촛대바위, 닭바위, 가제바위, 코끼리바위, 지네바위, 삼형제굴바위, 악어바위 등은 시스택이라는 지형으로 독도 지형 경관의 백미다.

화산지형, 해안지형 외에도 기타 다양한 지형이 분포한다. 아이스크림을 한 스푼씩 떠먹은 듯, 혹은 과일을 벌레가 갉아 먹은 듯이 암석의 측면에 구멍이 숭숭 뚫려 있는 것을 타포니라고 하는데, 이는 코르시카 섬에서 '구멍투성이'라는 뜻으로 사용된 '타포네라'에서 유래된 말이라고 한다. 우리나라 전북 진안에는 말의 귀를 닮았다고 해서 이름이 붙여진 마이산이 있는데 이 산의 남쪽 사면에도 벌레 먹은 듯한 구멍이 숭숭 뚫려 있다. 이러한 타포니풍화혈라는 지형은 독도에서도 볼 수 있다. 동도의 선착장과 등대를 연결하는 통행로가 설치된 절벽에 타포니가 분포하고 있어 신기한 볼거리를 제공한다. 대표적인 타포니는 동도의 악어바위와 서도의 탕건봉을 들 수 있다. 절벽 안쪽으로 구멍이 뚫려 있는 셈이므로 이는 괭이갈매기와 같은 조류의 안식처가 되기도 한다.

또한 서도 북쪽에는 물골이라 불리는 곳이 있다. 지하수가 지표로 흘러나와 해식동굴에 '물이 고인다' 하여 '물골'이라고 최초의 주민 최종덕 씨가 이름을 붙여 놓은 곳이다. 많지 않은 양이지만 돌섬인 독도에서 유일하게 식수를 얻을 수 있는 곳이었다. 그는 식수에 바닷물이 흘러 들어오는 것을 막기 위하여 콘크리트로 제방을 쌓아 놓았다. 그러나 이 인공 제방을 쌓음으로써 생태계의 균형이 깨지고 물이 고이게 되면서 지하수가 오염되는 문제가 생겼다.

탕건 모양을 하고 있는 탕건봉.

초를 올려 놓은 모양을 하고 있는 촛대바위.

독도의 기후는?

우리나라는 바다보다는 대륙의 영향을 많이 받아 여름과 겨울의 기온차(연교차)가 큰 대륙성 기후인 반면, 동해 한가운데 위치해 바다로 둘러싸인 독도는 바다의 영향을 많이 받는 해양성 기후라고 할 수 있다. 런던, 파리, 벤쿠버 등 해안에 인접한 지역에 나타나는 해양성 기후는 일년 내내 비교적 온난하며, 연중 습하고 비는 고르게 내리는 편이다.

독도는 가장 추운 1월(최한월) 평균기온이 섭씨 1도, 가장 더운 8월 평균기온 섭씨 23도, 연평균 기온은 섭씨 12도 정도로 비교적 따뜻한 편이다. 또한 바다에 위치해 있어서 안개가 많이 끼는 편이며 일 년의 절반 정도는 비 또는 눈이 내리는 습하고 흐린 지역이다. 일 년 중 맑은 날이 60일도 채 되지 않는다고 한다. 대부분의 강수가 여름철에 집중되는 우리나라의 다른 지역과는 달리 연중 비교적 고른 강수량을 나타내는 것이 특징이다.

동해의 해류는?

동해 쪽에서 한반도의 동부 연안을 따라 이동하는 해류로는 남쪽에서 올라오는 동한 난류와 북쪽에서 내려오는 북한 한류가 있다. 동한 난류는 대한해협에서 동해 연안을 따라 올라오다가 북위 38도 부근에서 동쪽으로 이동하고 울릉도 북쪽 해역을 지난 뒤, 울릉도와 독도 사이를 S자 형태로 돌아 다시 대한해협으로 돌아간다.

원시 선박(뗏목이나 통나무배)으로 경주, 포항 부근에서 동한 난류를 타면 울릉도로 항해가 가능하며, 빈번하게 발생하는 시계 방향의 울릉 소용돌이 흐름을 이용하면 울릉도에서 독도 사이에 왕복 항해도 가능하다. 《성종실록》 등의 사료에도 이 같은 내용이 기록되어 있다.

05

독도, 천혜의 자연환경

여기는 독도 천연 보호 구역

독도는 동해 한가운데 위치한 섬으로 철새가 이동하다 쉬어가는 길목이므로 바다제비, 슴새, 괭이갈매기 등의 대집단 번식지다. 또한 인간 활동의 영향을 받지 않는 지리적 특수성으로 솔개, 물수리 등의 멸종 위기종과 같은 천연의 생물상을 유지하고 있다. 이러한 이유로 1982년 독도 해조류 번식지로 천연기념물 제336호로 지정되었다가, 특이한 육상 · 해양 생물상과 지형 · 지질 등의 가치를 인정받아 1999년에는 '독도 천연 보호 구역'이 되었다. 2000년, '문화재 보호법'에 의한 특정 도서로 지정 · 관리되고 있다.

독도의 지형 및 지질 특수성 그리고 파도가 깎아 놓은 듯한 독도의 해안은 웅장하고 신비로운 경관을 연출한다. 바다에 면한 부분이 해식작용으로 깎아지른 듯한 절벽해식애의 형상을 하고 있으며, 상부의 경사가 완만한 부분에는 초본이나 키가 작은 관목류가 번성하고 있어, 먼발치에서 바라보면 커다란 초록색 등껍질에 머리를 쭉 내밀고 있는 자라 두 마리가 물 위에 떠 있는 것 같다.

독도는 급격한 경사의 절벽이 전체 면적의 60퍼센트 이상을 차지하여 사람이 살기에는 적합하지 않은 가파른 바위섬이다. 인간의 발길을 거부하는, 신선이 사는 신비의 섬처럼 여겨진다. 섬이라는 특수성 때문에 독도의 경관은 주로 배를 탄 채 멀리서 감상하기 마련이다. 배 위에서 독도를 360도 빙 둘러보면 시점에 따라 독도는 다양한 모습을 띠어 그 신비로움을 더한다. 독도 주변의 다양한 바위의 별명은 그렇게 바라보고 붙여 준 것이다.

파도와 바람의 침식 및 풍화작용으로 독도 주변에는 여러 가지 기묘한 형상을 하고 있는 암초가 다채로운 모습을 자아낸다. 조선 시대 남자가

독도의 동도와 서도, 그리고 여러 작은 섬.

머리에 쓰던 탕건을 닮았다고 하는 탕건봉부터 촛대바위, 코끼리바위, 강치가제바위 등과 같은 기암괴석은 모두 자연이 빚어 놓은 웅장한 조각품이다.

서도에는 해식동굴이 양쪽으로 만난 아치 형태의 모습이 코끼리 코를 닮고, 절벽이 발달한 기반암은 몸뚱이를 닮은 코끼리바위가 있다. 가제바위는 방석처럼 평평한 모양으로 예전에는 물개과의 강치가 몰려들던 안식처였으나 남획으로 사라져 버려, 지금은 철새의 휴식처가 되었다.

서도 북쪽의 탕건봉은 봉우리 형상이 조선 시대 갓 아래 받쳐 쓰던 모자 형태의 탕건을 닮았다고 해서 붙여진 이름이다. 탕건봉의 윗부분은 주상절리로 육각형의 수직 기둥 여러 개가 촘촘히 붙어 있는 모습이며, 아랫부분은 구멍이 숭숭 뚫려 있는 타포니가 공존하는 독특한 지형이다.

검지를 하늘로 추켜올리고 있는 것 같은 모양의 촛대바위는 초를 올려 놓는 촛대 모양을 하고 있다고 하여 촛대바위라는 이름이 붙여졌다. 예전에는 권총바위, 장군바위라고 불리기도 했다는데 이는 파도의 침식을 이겨내고 단단한 부분만 남은 시스택이라는 지형이다. 삼형제굴바위는 마치 두 동생이 형을 따르는 모습과 같다고 해서 붙여진 이름이다. 삼형제굴은 큰 바위에 파도가 뚫어 놓은 굴 세 개가 머리를 맞대고 있는 모습으로, 해식동굴의 전형을 보여 준다.

동도의 선착장 부근에 있는 숫돌바위는 암질이 칼을 가는 숫돌과 비슷하여 독도 의용수비대원이 칼을 가는 데 사용했다고 하여 그렇게 이름이 붙여졌다. 숫돌바위는 수평으로 누워 있는 주상절리가 관찰되는 곳으로 마치 장작을 쌓아 놓은 듯 독특한 모습을 띠고 있다. 또한 어민 숙소에서 바라볼 때 닭이 알을 품는 형상처럼 보인다는 닭바위, 부채를 펼쳐 놓은 모습과 닮았다는 부채바위 등 다채로운 해안 경관이 펼쳐진다. 수려한 해식 아치를 보여 주는 동도의 독립문바위, 한반도 모양을 닮아 독도가 우

독도의 독립문바위.

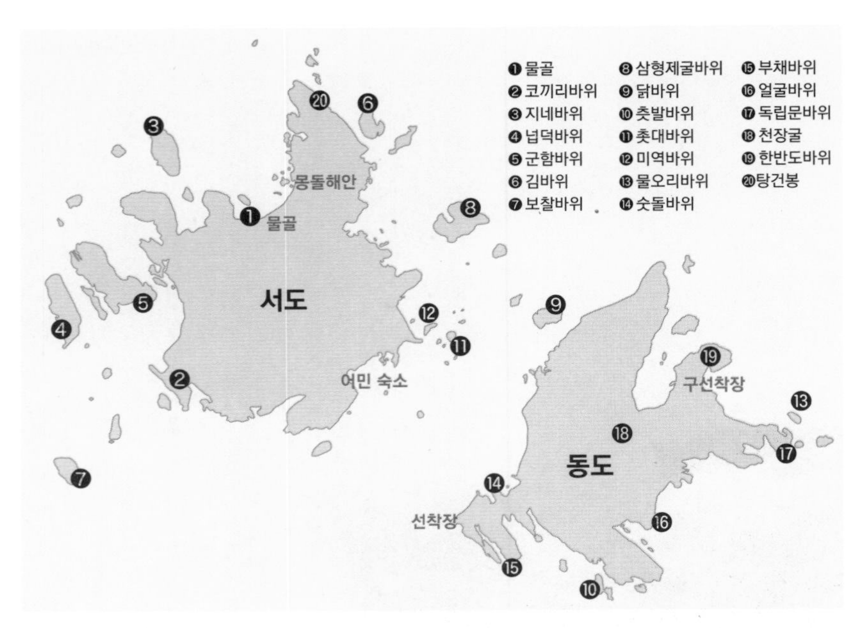

서도와 동도의 지형.

리 땅임을 다시 한 번 각인시켜 주는 한반도바위 등 독도에 산재하는 다양하고도 특이한 형태의 지형은 학술적으로나 경관상으로 세계적 수준의 지형 자원과 비교해 봐도 손색이 없다.

다양한 생명체의 보금자리

독도의 조류는 목록상으로는 많은 종이 나타나지만 워낙 조사 지역의 규모가 작은 데다가 접근이 어려워 정확하게 측정하기는 어렵다. 게다가 독도는 동해 한가운데 위치한 지리적인 특성 때문에 시베리아, 중국, 한국,

일본, 동남아시아를 오가는 철새, 나그네새, 길 잃은 새가 섞여 있어 정확한 측정은 더욱 어려운 실정이다.

조사된 독도의 조류는 총 139종이고, 이 중 가장 우세한 종은 독도의 캐릭터로 그려져 있는 괭이갈매기다. 괭이갈매기는 울음소리가 마치 고양이 울음소리 같은 "냐아오, 냐아오" 하는 소리를 내기 때문에 이름이 붙여졌다고 한다. 또한 천연기념물로 지정된 매323호, 흑비둘기125호도 관찰되며, 멸종 위기종으로 정해진 말똥가리도 발견되었다. 이외에도 바다제비, 녹색비둘기, 슴새, 섬참새, 도요새 노랑머리할미새, 백로, 황로 등 다양한 조류가 관찰되고 있다.

독도는 면적이 좁고 대부분이 급경사의 사면인 관계로 토양층이 매우 얕아 식물이 뿌리내리기 어려운 환경이다. 또한 토양의 염분 농도가 매우 높으며, 연중 공급되는 안개와 강한 바람도 식물이 자라기에 적합하지

먹이를 기다리는 독도 황로.

않은 환경이다. 그리하여 독도에서 식물이 살아가기 위해서는 매우 강인한 생명력을 가지고 있어야 한다. 알다시피 독도는 해저 화산활동에 의해 형성된 섬이다. 뜨거운 용암이 분출된 생성 당시에는 당연히 생물이 전혀 살 수 없는 생태계였다.

그러나 언제부터인가 식물과 동물이 이 삭막한 섬에 건너와서 살기 시작하면서 완전하지는 않지만 새로운 생태계가 만들어지게 되었다. 조류가 다른 지역에서 열매를 먹고 와 배설한 것이 싹이 터 독도에 서식하게 된 식물도 있고, 영토 의식을 고취하고자 무궁화, 동백나무 등 한반도 내륙에 자생하는 식물을 옮겨 심은 사람들의 노력 덕분에 어려운 환경에도 비교적 많은 식생이 자라고 있는 편이다.

독도에는 총 48종 정도의 식물이 서식하는 것으로 알려져 있다. 대부분 잡초성 풀 종류가 자라고 있으며, 몇 종류뿐인 나무류는 대부분 군락을 형성하지 못하고 단목의 형태로 존재하고 있다. 독도의 대표적인 초본식물풀은 땅채송화, 술패랭이꽃, 섬초롱꽃, 개밀 등이 있는데 이 중 쑥, 번행초, 섬장대 등은 해풍에 강해 독도에서 많이 번식한다. 희귀종인 섬시호와 큰두리꽃은 환경부에서 보호 식물로 지정하여 보호하고 있다. 땅채송화는 용암이 노출된 바위 위와 급경사면의 척박한 곳에서 생육하고 있다. 이는 독도의 삭막한 바위를 녹색으로 물들게 한 일등공신이라고 할 수 있다.

옛날 울릉도 개척 당시, 식량이 부족하여 긴 겨울을 보내며 굶주림에 시달리는 사람이 많았다고 한다. 그래서 마을 사람은 눈이 녹으면 산에 올라가 나물을 캐 먹으며 생명을 이어 갔다고 하는데, 울릉도에 정착한 사람들의 명命을 이어 주던 식량이라고 하여 그 나물을 명이나물이라고 부르고 있다. 울릉도에 명이나물이 있다면 독도에는 왕호장근이 있다. 이는 토양층이 두꺼운 곳에서 자라는 제법 키가 큰 풀인데, 독도 근해에 고기잡이를 나왔다가 악천후로 발이 묶인 어부가 식량이 떨어졌을 때 줄기를 베면 갈증을 달래주는 수액이 나오는 왕호장근을 식량 삼아 뜯어먹으며 연명했다고 한다. 왕호장근이 있었기에 사람과 각종 생명체가 독도에서 명을 이어갔을 것이다.

하지만 최근 독도를 찾는 관광객이 증가해 그들의 몸에 붙어서 유입되거나 인위적으로 옮겨 심은 외래 식물종이 늘어나면서 독도 식물 생태계의 교란이 심각한 수준에 이르렀다는 우려의 목소리도 나오고 있다.

독도 해역은 난류와 한류가 교차하며 수심이 얕고 바닥에 깔린 수많은 암석이 좋은 서식지를 제공해 주는 황금 어장으로 이곳에 오징어, 꽁치, 방어, 복어, 전어, 가자미 등 다양한 어류가 모여 든다. 독도 근처의 바다에서는 돌돔, 자리돔, 용치놀래기, 가막베도라치 등 75종의 다양한 어류가 확인되었다. 또한 근처 해안으로 조금만 나가도 멍게, 해삼, 전복 등을 쉽게 주워 담을 수 있을 정도로 풍부한 수산자원을 보유하고 있다.

독도를 칭하는 다른 이름 중에는 '가지도, 가제도'라는 말이 있다. 조선 시대에는 강치물개와 비슷한 바다짐승으로 울릉도 주민은 이를 '바닷가제'라 부름가 많이 출현한다 하여 '가제도'라 불렀던 것이다. 독도를 대표하는 동물 강치는 1900년대 초 일본 어업인의 남획과 광복 후 미국의 폭격 연습으로 인해 지금은 찾아보기가 어렵게 되었다.

이외에도 잠자리, 메뚜기, 파리, 나비, 딱정벌레 등의 곤충은 살고 있지만, 독도에 서식하는 자생 포유류는 없는 것으로 알려져 있다. 1973년 독도 경비대에서 토끼를 방목했으나, 현재는 남아 있지 않으며, 독도 경비대가 육지에서 데려와 키우고 있는 삽살개가 독도에 존재하는 유일한 포유류다.

이와 같이 독도 천연 보호 구역은 다양하고 특이한 생물상을 가지

1 괭이갈매기가 날아드는 독도.
2 생명의 풀 왕호장근.
3 독도 강치의 마지막 사진.
4 독도의 대표적인 초본식물, 땅채송화.
5 또 다른 독도의 대표 꽃, 술패랭이꽃.

며, 그들 나름의 생태계를 만들어 가고 있다. 우리는 독도 지역의 생태계를 보전하기 위하여 다양한 노력과 연구를 체계적으로 수행해야 하며, 나아가 대한민국에서 가장 먼저 해가 뜨는 섬인 우리 땅 독도를 소중하게 지켜서 후손들에게 자랑스럽게 물려주어야 하겠다.

독도의 봄, 여름, 가을, 겨울

독도의 봄은 천연기념물 336호로 지정된 괭이갈매기와 함께 찾아온다. 봄이 되면 독도는 수만 마리의 괭이갈매기가 내는 고양이 울음소리와 수북이 쌓인 그들의 알로 가득 찬다. 지금 독도는, 사람들이 영유권을 주장하는 처지지만 이때만큼은 독도의 주인은 그 누구도 아닌 괭이갈매기다.

갈매기가 하나둘씩 알에서 부화되고 날갯짓을 준비하는 초여름이 되면 오징어 잡이도 시작된다. 이때부터 갈매기가 떠나기 시작하는 가을까지 독도의 주인은 사람과 새다. 오징어 잡이는 주로 밤에 이뤄지며 어두운 밤을 대낮처럼 밝혀 오징어를 유인하는데 이로써 독도의 밤은 어부의 차지가 된다. 여름철 잦은 폭우와 폭풍으로 조업이 어려울 때에 어부는 서도에 있는 '어부의 집'으로 피신하기도 한다. 거센 파도가 몰아치는 동안 어부는 바쁜 생업에서 여유가 생겨 갈매기와 동고동락하게 된다. 어부의 조업이 줄어들고 봄에 부화한 새끼 갈매기가 하늘 높이 날기 시작한다는 것은 여름이 끝을 향해 달려가고 있다는 신호다.

서도의 물골 위의 언덕이 하얗게 피어난 억새로 물들기 시작하면 이미 가을로 접어든 것이다. 늦은 태풍이 한차례 불어 여름의 기운을 말끔히 씻어낸 후부터 현저히 높아진 가을 하늘에서는 괭이갈매기를 더 이상

찾아보기 어렵다. 늦가을, 식물이 사라진 독도는 점차 잿빛으로 변해 가고, 바다색 또한 깊게 가라앉아 한 편의 흑백사진을 보는 듯하다. 11월부터는 북쪽에서 한류가 흘러들어 겨울을 불러오는 전령사 노릇을 한다.

여름철에 비해 겨울철에 강수량이 많은 독도는 겨울도 빨리 찾아온다. 겨울에 눈이 많이 내리는 편이지만 워낙 바닷바람이 강해 눈이 두껍게 쌓일 틈이 없다. 이른 겨울이 되면 독도에 머물며 조업을 하던 어부도 독도를 등지고 가족이 기다리고 있는 집으로 돌아간다. 동해 한가운데 자리한 외로운 독도에는 독도 경비대원과 등대지기, 삽살개만이 남아 쓸쓸한 섬을 지킨다.

개발이냐, 보전이냐 그것이 문제

독도는 허락받은 사람만이 발을 디딜 수 있는 신비의 섬이다. 독도 인근의 동해는 풍랑이 거센 데다가 현재 독도의 동도에 있는 선착장은 규모가 작기 때문에 파도가 높게 치는 날이면 배가 접안하기 어렵기 때문이다. 그래서 많은 관광객은 독도에 발을 디디지 못한 채 먼발치에서 독도를 물끄러미 바라보고 돌아가야 하는 안타까운 경우가 많다.

이 문제를 해결하기 위해서 국토부에서는 2013년부터 4074억 원 정도를 들여 방파제 건설에 들어가겠다는 기본 계획을 발표했다. 국토부는 독도의 선박 접안율이 75퍼센트도 채 안 되기 때문에 독도 선착장 바깥쪽에 'L'자 모양의 방파제를 만들어 파도에 크게 구애받지 않고 배가 안정적으로 정박하도록 할 계획을 세웠다. 이를 통해 독도 접근성을 높여 보다 많은 관광객이 독도를 관광할 수 있도록 하겠다고 발표했다.

독도의 또 다른 주인 괭이갈매기.

하지만 이 사업에 대해 환경부와 문화재청은 크게 반발하고 있다. 방파제 설치로 독도에 대한 접근성을 높여 많은 관광객이 오는 것도 좋지만, 독도는 1999년 천연 보호 구역으로 지정된 만큼 자연경관이 훼손되지 않도록 지금 그대로 보전해야 한다는 것이다. 독도는 희귀한 동식물이 많이 서식하고 다양한 암석이 존재하여 '암석학의 보고'라고 불릴 만큼 지질학적 가치가 높기 때문에 방파제를 설치하는 것은 최대한 신중히 결정해야 한다고 주장한다. 독도의 암석은 외부 충격에 약한 편이라 훼손될 수 있고, 방파제의 설치로 해류에 변화가 생기면 섬의 침식이 가속화되는 등 예상치 못한 문제가 생길 수 있기 때문이다.

06

그 섬에 가고 싶다

독도는 1982년 천연기념물 제 336호독도 천연 보호 구역로 지정되어 문화재보호법에 근거하여 입도가 제한되던 섬이었다. 하지만 2005년 3월 24일 정부에서는 일본의 독도 영유권 주장에 대항하기 위한 대책의 일환으로 독도의 일부를 개방하게 된 것이다. 현재는 동도와 서도 중 선착장이 있는 동도에 한해서 사전에 승인을 받은, 하루 1880명 이내의 일반인에게만 30분 정도의 관광을 허용하고 있다. 독도 입도에 관한 사항은 독도 입도 종합 안내 사이트http://intodokdo.go.kr에서 확인해 볼 수 있다. 단, 관광의 목적이 아닌 학술 조사, 취재 및 촬영, 체류 등의 특수한 목적으로 독도를 방문할 경우에는 14일 전에 온라인 및 우편으로 신청을 해야 한다.

독도를 방문하기 위해서는 입도를 희망하는 날을 기준으로 승선권을 먼저 예매해야 한다. 여객선의 정원과 1일 입도 가능 인원의 범위 내에서 선착순 접수를 받고 있기 때문이다. 승선권 예매 후에는 여객선상에서 일괄적으로 입도 신고를 하고 허가를 받게 된다.

입도 허가가 난 후 독도에 들어가기 위해서는 반드시 울릉도를 거쳐야만 한다. 묵호 여객터미널 또는 포항 여객터미널에서 울릉도행 여객선을 타고 3시간 정도 가면 울릉도에 도착한다. 울릉도 도착 후 사전에 예매한 날짜와 시간에 맞추어 독도행 여객선에 승선하면 된다. 하지만 여객선의 출항과 독도 접안 가능 여부는 현지 기상에 따라 변동이 잦으니 독도 여행을 준비 중이라면 항상 기상 상태에 귀를 기울여야 한다.

나는 2010년 7월, 2박 3일의 일정 동안 학생을 인솔하여 울릉도 및 독도에 다녀온 적이 있다. 강원도 묵호항에서 울릉도까지 갈 때에는 대규모의 여객선을 타고 바다도 잠잠하여 출발이 순조로웠다. 첫날은 울릉도 관광을 하는 일정이었다. 점심쯤 울릉도에 도착했다. 폭포, 전망대를 비롯하여 각종 흥미로운 이름이 붙은 바위를 둘러보며 울릉도의 비경을 감상했고, 울릉도의 별미라는 오징어와 홍합밥으로 맛있는 저녁 식사를 하며 하루를 마무리했다.

다음날 오전에는 모래 대신에 동글동글한 자갈이 가득히 깔려 있어 파도 소리가 청명한 해수욕장에서 해수욕을 즐겼고, 오후에는 독도로 향하는 여객선에 올랐다. 그리고 그리던 독도에 가게 되었다는 설렘도 잠시, 배에 발을 들이는 순간 이미 파도가 심상치 않음을 느낄 수 있었다. 울릉도에서 독도까지는 한 시간 반쯤 걸렸는데, 출발과 함께 배는 성난 파도를 타고 흔들리기 시작했다. 배와 함께 머리도 몸도 흔들려 정신을 잠시 내려놓을 수밖에 없었다. 결국에는 배 바닥에 누워 독도에 도착할 수 있었다.

드디어 흔들거리는 배에서 내려 땅에 발을 디딜 수 있다는 안도감으로 잠시 즐거웠지만, 이렇게 파도가 심한 날 독도에 커다란 배를 접안하는 것은 당연히 불가능한 일이었다. 힘겹게 도착한 독도를, 아쉽지만 배 위에서 먼발치로 감상할 수밖에 없었다. 하지만 고통스런 뱃멀미와 맞바꿀 수 있을 만큼 아름답고 가슴 설레게 하는 장면이 눈앞에 펼쳐졌다. 그 순간에 어디에서 초인적인 힘이 나왔는지 잠시 뱃멀미의 고통을 잊고 갑판에 나가 열심히 독도에게 인사를 건넸고, 하얗게 질린 얼굴로 힘겨운 미소를 지으며 독도를 배경으로 뜻 깊은 사진을 남겼다. 그 후 바로 다시 배 바닥과 하나가 되어 울릉도로 돌아오게 되었지만…….

독도에는 누가 살까

사람이 살지 않던, 무인도였던 독도를 인간의 숨결이 깃든 섬으로 재탄생시킨 최초의 독도 거주민은 평안남도 순안 출생의 최종덕 씨다. 최 씨의 전 가족은 1930년 울릉도로 이주한 뒤 1965년 서도의 물골에서 움막집을 짓고 어업 활동을 했다. 세월이 흘러 1980년, 일본이 독도 영유권을 다시 주장하고 나오자, 단 한 명이라도 대한민국 국민이 독도에 살고 있다는 증거를 남기겠다며 1981년 10월 14일, 최초로 서도의 벼랑 어귀로 주민등록지를 옮겼다고 한다. 당시 주소는 경상북도 울릉군 울릉읍 도동리 산67번지였다.

최종덕 씨는 5년 동안 독도에 거주하면서 서도 선착장의 시멘트 가옥을 비롯해 수중 창고를 마련하고 전복 수정법과 특수 어망을 개발했다. 또한 경사 70도라는 가파른 바위섬에 식수가 나오는 몰골이라는 샘물을 발견하고 몰골로 가는 시멘트 계단을 설치하는 등 후세 사람의 편의를 위해 많은 노력을 쏟으며 살고 있었다. 1987년 9월 태풍 다이아나로 파손된 서도의 집과 선가장배를 뭍으로 끌어올리는 장소 시설 복구 작업을 위해 자재를 구입하고자 대구를 방문하던 중 뇌출혈로 사망했다.

최종덕 씨 사망 이후, 그가 소유했던 어선덕진호의 선원이었던 김성도 씨는 그의 부인 김신열 씨와 함께 1991년 11월 17일부터 서도로 주민등록 주소지를 옮기고, 그곳에 거주하며 어업에 종사하고 있다. 그는 지난 2003년 전국의 후원자가 성금을 모아 기증한 '독도호'를 타고 생업을 이어 가고 있다. 한국 정부는 우리 국민이 거주한다는 증거를 확보하기 위하여 이들에게 보조금을 지원하고 있으며, 국내의 이동통신사에서는 무선 전화망이 작동되도록 독도에 기지를 두고 있다. 이외에도 독도 주민등록 인구는 총 7명으로 김성도, 김신열 부부와 현지에서 근무하고 있는 독도 경비대, 독도 등대원 등이 등재되어 있다.

또한 1999년 일본인이 독도의 일본 이름인 다케시마로 호적을 등재하고 있다는 보도가 나가고 난 이후에는 '범국민 독도 호적 옮기기 운동'이 전개되었다. 2008년 9월 4일에는 부산시 공무원 노조 황주석 위원장 등 41명이 울릉읍 현지를 찾아와 본적지를 독도로 옮긴 것이 하루 최다 기록이며 박선영 국회의원 등을 비롯하여 2011년 3월 8일 현재 2259명의 대한민국 국민이 독도에 등록기준지본적를 두고 있다.

또 다른 이색적인 기록으로는 2005년, 독도에서 처음으로 결혼식이 거행됐던 것이다. 한국인 신혼부부는 소위 독도 영유권을 주장하는 일본에 항의하는 의미로 결혼식장을 이곳으로 선택했다.

5000만 모두는 독도 수비대

일본의 독도 침탈 행위에 대응하여 우리나라에서도 독도 수호에 많은 노력을 다하고 있다. 독도가 대한민국의 영토임을 알리기 위하여 정부 단위의 노력은 물론 민간단체, 혹은 개인까지 앞장서고 있는 실정이다. 각종 단체의 서명운동, 성금 모으기 등의 활동은 물론 독도의 아름다운 모습을 담은 우표와 크리스마스실을 만들어 사용하기도 했다. 이와 더불어 독도가 위치해 있는 경상북도에서는 독도를 상징하는 캐릭터를 개발하여 홍보에 활용하고 있으며, '반크'라는 단체에서는 독도를 가슴에 품고 세계인 가슴 속에 대한민국을 심는 일을 하기 위해 사이버 독도 사관학교를 운영하고 있다. 김장훈 가수, 서경덕 교수 등도 독도 지킴이를 자처하는, 독도 홍보에 앞장서고 있는 대표적인 인물이다. 이와 같이 우리나라 5000만 국민 모두는 여러모로 독도 수호를 위해 노력하고 있다.

경상북도는 2007년 6월부터 2008년 2월까지 시민 공모와 연구개발 끝에 독도를 상징하는 캐릭터를 탄생시켰다. 앞으로 문화 콘텐츠 사업을 통해 독도 홍보에 앞장서게 될 캐릭터는 독도의 동 · 서도를 의인화한 기본 캐릭터 '독도랑'이 있다. 이외에도 독도 수호에 앞장선 역사적 인물인 신라 장군 이사부, 민간 외교관 안용복, 독도 의용 수비대장 홍순칠과 강치, 괭이갈매기를 활용한 보조 캐릭터 5종을 개발하여 총 6종이 완성되었다. 앞으로 경상북도는 보다 적극적으로 독도 캐릭터를 사용한 상품 및 문화 콘텐츠 등을 개발할 것이라고 한다. 선물용품, 행정 사무용품봉투, 쇼핑백, 노트, 메모지 등 등에 이를 활용할 계획이며, 나아가 어린이에게 인기 있는 애니메이션을 제작하고 각종 독도 관련 게임을 개발하는 등 캐릭터를 브랜드화하여 독도 홍보와 함께 장기적으로는 경제적인 효과도 창출해 나갈 계획이라고 한다.

대한결핵협회는 2006년 독도 홍보의 방안으로 '아이 러브 독도I ♥ Dokdo'를 주제로 크리스마스실을 발행하고 국민적인 모금 운동을 했다. 우리 땅 독도의 아름다운 풍경을 담아 당시 많은 국민의 참여를 이끌었다.

경상북도에서 개발한 독도를 상징하는 캐릭터.

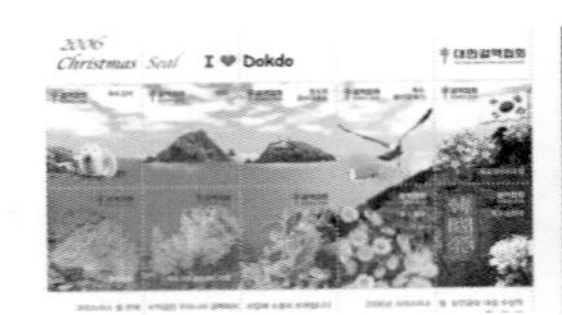

독도를 주제로 발행한 크리스마스실과 우표.

기부천사로 잘 알려져 있는 가수 김장훈 씨는 최근에 독도 지킴이를 자처하며 독도 홍보를 위해 많은 후원금을 기부했으며 독도에서 콘서트를 여는 등 독도가 대한민국 땅임을 세계에 알리는 데 큰 역할을 하고 있다. 또한 한국 홍보 전문가인 서경덕 교수는 "독도는 한국 영토로 동해에 있습니다"라는 광고를 세계 주요 언론에 게재했고, 최근에는 김장훈 씨와 함께 제주도 · 울릉도 · 독도 · 이어도 등 한국을 대표하는 섬을 표시하고 "한국으로 휴가를 오세요, 절대 후회하지 않을 겁니다"라는 문구를 넣은 광고를 기획하는 등 독도 홍보는 물론 대한민국의 아름다움을 널리 알리는 데에 열의를 다하고 있다.

몇 년 전, 일본 도쿄의 '다이토'라는 유명 제과업체에서 다케시마 만주를 출시했다고 한다. 12개의 만주를 담은 박스 겉포장에는 독도의 사진과 함께 '2월 22일은 다케시마의 날입니다'라는 문구가 적혀 있다. 상자 안에는 만주와 함께 만주를 먹을 때 쓸 수 있는 일장기가 달린 이쑤시개도 들어 있다. 즉 독도에 일장기를 꽂는다는 상징적 행위로 영유권 주장을 은연중에 표현하고 있는 것이다.

이에 대응하여 우리나라의 '전국백수연대'라는 비정부기구NGO에서는 2009년 6월부터 독도 쿠키 사업단을 결성하고, 다케시마 만주를 능가하는 독도 만주와 독도 쿠키를 개발하여 국민에게 적극적으로 홍보하고 판매하고 있다. 독도 만주는 동도와 서도를 본뜬 모양으로 '독도 코리아

DOKDO KOREA'라는 문양도 새겨져 있다.

독도 만주와 쿠키를 만드는 전국백수연대는 이름에서 느낄 수 있듯, 초기에는 청년 구직자와 제과 제빵사 전문 인력 등 지역 내 저소득층 및 취약 계층에게 일자리를 제공할 목적으로 결성되었다. 최근에는 초기의 목적을 넘어 보다 뜻깊은 사업에 전념하고 있다. 2010년 9월에는 울릉도 주민을 찾아가 무료 시식회를 열고, 독도 경비대원에게 과자를 전달하는 등의 활동도 했다. 전 세계의 소비자에게 독도가 대한민국의 영토임을 보다 친근하게 홍보하고 있다. 또한 수익금의 일부를 독도 관련 단체에 기부·홍보에 이용하고, 독도 생태계 보호 기금이나 독도 지킴이 활동 단체 기부금으로 사용하고 있다.

앞서 소개한 사례는 극히 일부일 뿐, 한국 사회 각지에서는 독도 수호를 위해 다방면에서 많은 노력을 하고 있다. 뿐만 아니라 독도를 푸르고 아름답게 가꾸기 위하여 많은 단체가 정성을 다하고 있으며, 이러한 노력은 앞으로도 계속될 것이다.

온 국민의 마음을 담은 독도 접안 시설의 준공 기념비에는 이렇게 새겨져 있다.

> 대한민국 동쪽 땅끝, 휘몰아치는 파도를 거친 숨결로 잠재우고 우리는 한국인의 얼을 독도에 심었노라.

3장

독도, 숨겨진 자원의 보고

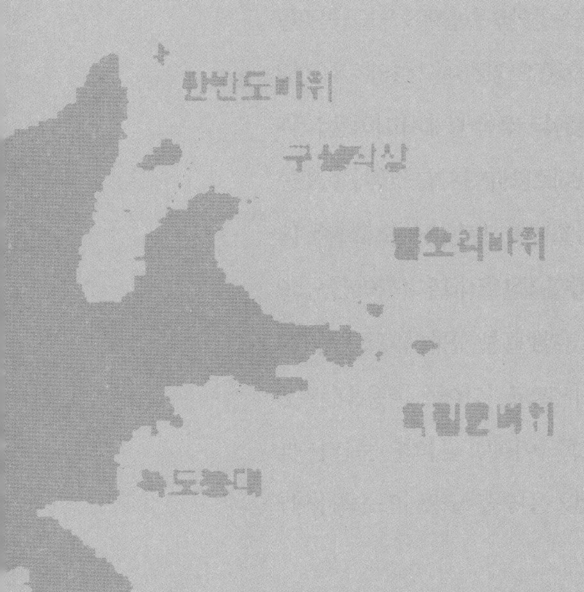

07

우리나라 최고의 어업 전진기지

해류가 만나 빚어낸 황금 어장

우리나라에서 가장 작은 마을, 독도리의 이장님 김성도 할아버지는 오늘도 푸른 독도 바다 위에 태극기를 휘날리며 고기잡이를 하러 가신다. 우리는 독도처럼 다양한 어종이 풍부하게 분포하고 있는 곳을 '황금 어장'이라고 부른다. 독도에는 어떻게 해서 이런 황금 어장이 만들어질 수 있었던 것일까? 그 답은 독도 주변을 흐르는 해류에서 찾을 수 있다.

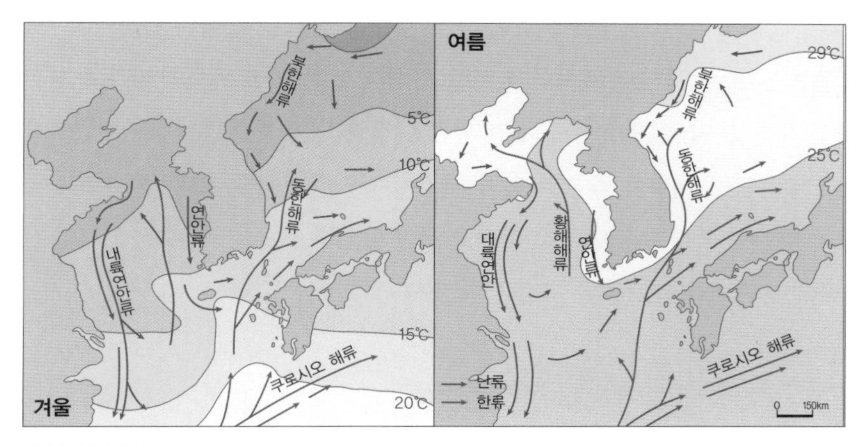

우리나라 주변의 해류.

세계적인 어장으로 유명한 북서태평양, 북동태평양, 북서대서양은 모두 한류와 난류가 만나는 곳으로 조경 수역潮境水域을 형성하고 있다. 마찬가지로 독도 주변에서도 쿠로시오 해류의 지류인 따뜻한 동한 난류 및 대마 난류와 쿠릴 해류의 지류인 차가운 북한 한류가 만난다. 단순하게 생각하면 한류와 난류가 만나는 곳은 한류성 어족과 난류성 어족이 모두 모이는 곳이기 때문에 다양한 어족 자원이 분포하는 것이다. 독도 주변 바다에서는 대구, 명태 등의 한류성 어족과 꽁치, 오징어 등의 난류성 어족이 모두 서식하고 있다.

한류와 난류가 만나면 밀도가 높은 한류가 아래로 내려가게 된다. 이 상태에서 하층에 있던 한류가 위로 솟구치는 현상을 용승湧昇이라고 한다. 용승이 일어나면 염분과 영양염류가 함께 올라오게 되고, 햇빛이 투과되는 얕은 수심에서는 광합성이 일어나 식물성 플랑크톤의 활동이 왕성해진다. 나아가 식물성 플랑크톤을 먹는 동물성 플랑크톤이 많아지고, 플랑크톤을 먹는 다양한 어종이 서식하게 되어 먹이사슬이 형성된다.

독도 해저 지형도를 보면 독도 주변은 유난히 수심이 얕은 것을 알 수 있는데, 이렇게 해저지형 중에서 수심이 얕은 곳을 대륙붕이라고 부른다. 대륙붕 지형 또한 독도 주변 황금 어장 형성에 한몫을 한다. 대륙붕은 수심이 얕아 햇빛이 잘 들어오기 때문에 광합성에 좋은 조건을 갖추고 있다. 따라서 플랑크톤이 많이 서식할 뿐만 아니라, 수심이 얕아 물고기의 산란에도 유리하므로 황금 어장이 형성된다.

계절 변화에 따른 다양한 어종

사계절이 뚜렷한 우리나라의 특성이 독도에서도 나타나는데, 그로 인해 조경 수역이 형성되는 위치가 계절에 따라 조금씩 달라진다. 상대적으로 따뜻한 여름철에는 난류의 세력이 우세하여 조경 수역의 위치가 북상하고, 기온이 낮아지는 겨울철에는 한류의 세력이 성장하여 조경 수역의 위치가 남하한다. 따라서 독도 주변의 바다에서는 1년 내내 다양한 어업이 이루어진다.

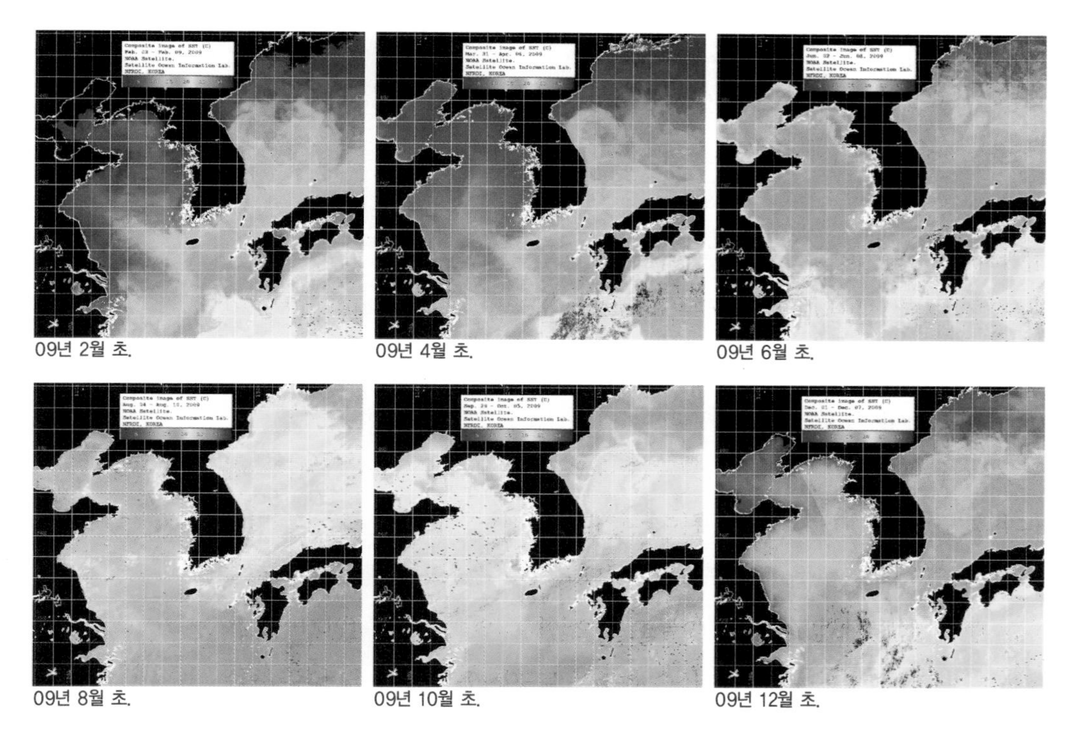
09년 2월 초. 09년 4월 초. 09년 6월 초.
09년 8월 초. 09년 10월 초. 09년 12월 초.

우리나라 주변 해수의 온도 변화.

봄이 오면 꽃이 피고 새 생명이 차오르듯이, 독도의 봄 바다는 다양한 생명체의 활동이 왕성해진다. 앞서 살펴본 것처럼 독도는 한류와 난류가 만나 조경 수역을 형성하며, 대륙붕으로 이루어져 있어 해양 생물의 생장에 좋은 조건을 갖추고 있기 때문이다. 특히 암반과 해조 군락이 다른 생물의 공격을 피할 수 있는 은신처 역할을 하기 때문에 독도 주변은 물고기 등 바다 생물의 산란과 생장에 유리한 환경이다.

봄철 독도에서 가장 많이 잡히는 것은 말쥐치고, 망상어 · 볼락 · 쥐노래미 등의 어류를 볼 수 있다. 특히 말쥐치는 동해 연안에 분포하는 개체보다 큰 것으로 미루어 볼 때, 독도 주변이 어류 생장에 좋은 조건을 갖추고 있다는 것을 확인할 수 있다. 볼락, 우럭, 가자미 등 낮은 곳에서 움직이는 어류는 자망을 통해 어획한다. 또한 이 시기는 망상어의 산란기로 어린 망상어가 독도 주변 바다 전체에서 헤엄치고 있는 것을 볼 수 있다. 어류뿐만 아니라 모자반, 파래, 개미역쇠, 국수나물, 청각, 대황, 미역 등의 해조 군락과 홍합 등의 어패류 군락도 많이 분포한다. 또 홍해삼, 개해삼 등이 활동하는 시기이기도 하다.

난류의 영향이 커지는 여름철 독도 어장에는 오징어, 꽁치, 참다랑어 등의 난류성 어류가 많이 나타난다. 특히 독도에서 가장 중요한 어업은 오징어 채낚기로, 이 시기 독도 주변 어업의 95퍼센트 이상이 오징어 어업이다. 독도와 대화퇴어장에서 잡히는 오징어의 양이 국내 전체 오징어 어획량 중 약 60퍼센트 정도를 차지할 정도다. 오징어는 5~12월에 관찰되며, 주어기는 9~10월이다. 이 시기에는 오징어를 잡는 어선에서 나오는 빛으로 독도의 밤바다가 반짝인다.

한류의 세력이 우세한 겨울에는 연어, 송어 등이 독도 주변 바다로 돌아온다. 1월부터 4월경까지는 해녀가 잠수복을 착용하고 전복, 해삼, 소라 등을 채취하는 계절이다. 독도에서 전복 등의 수산물 채취가 시작된 것은 제주 잠녀가 독도로 옮겨 온 1950년대로 추정된다. 독도에 살고 계신 김신열 할머니도 제주도 출신이다. 옛날에는 전복이며 해삼이 발에 차일 정도로 많았지만, 지금은 개체수가 많이 줄어들어 더 깊은 곳까지 잠수해야 채취가 가능하다.

독도의 밤을 밝히고 있는 오징어잡이 배.

독도의 다양한 생물들. 볼락, 노래미, 개미역쇠,
대황, 청각(왼쪽 위부터 시계방향).

기후가 바뀌면 어종도 바뀐다

한반도가 뜨거워지고 있다. 최근 매년 여름철마다 최고기온 기록을 경신하며, 열대야와 열대일의 수가 늘어나고 있다. 뿐만 아니라 집중호우의 빈도와 강도가 높아지고 있으며, 겨울에는 혹한이 찾아오는 등 기후변화의 징후가 심상치 않다. 기후변화가 사람들의 생활 모습을 바꿔 놓듯, 생태계에도 급격한 변화가 나타나고 있다.

불과 10년 전만 해도 제주도를 비롯한 남해 연안에서만 서식하던 아열대성 어종인 자리돔, 벵에돔 등이 2006년에는 독도 주변 해역에서 관찰되었다. 독도 주변의 바다 생태계는 같은 위도상의 동해와 판이하며, 마치 10년 전의 제주 바다를 옮겨 놓은 듯하다. 지구온난화로 인해 수온이 상승할 뿐만 아니라 난류의 영향이 커졌기 때문이다. 대마 난류의 수온이 높아지면서 봄철에 이미 독도 주변 바다의 수온은 섭씨 15~16도 정도가 된다. 이는 제주도와 흡사한 수준이다. 수온이 낮아져야 할 가을에도 섭씨 18도 정도를 유지한다. 현재 독도 주변 바다에 분포하는 어종의 22퍼센트는 아열대 어종이, 40퍼센트는 난류성 어종이 차지하고 있다.

게다가 최근에는 청정 바다로 알려졌던 독도 바다가 갯녹음으로 인해 시름을 앓고 있다. 갯녹음이란 해수에 함유된 탄산칼슘의 농도가 높아져 우유처럼 뿌옇게 보이거나, 부유하던 탄산칼슘이 암반이나 해조류에 침전되는 현상을 의미한다. 다른 말로는 백화현상이라고 한다. 갯녹음 현상이 나타나는 원인은 정확히 밝혀지지는 않았지만 여러 가지 원인이 제기되고 있다. 첫 번째는 수온 상승으로 인해 바닷물 속에 탄산칼슘의 양이 줄어들면서 암반이나 해조류에 침전된다는 것이다. 두 번째는 독도 주변에 사람이나 배의 이동이 잦아지면서 발생하는 오염 물질의 유입된다는 것이다. 세 번째는 천적이 없어 개체 수가 급증하고 있는 성게가 해조류를 갉아 먹으면서 떨어져 나간 해조류로 인해 갯녹음이 가속화된다는 것이다.

갯녹음이 발생하여 해조류가 고사하고 번식할 수 없게 되면서 바다 숲이 파괴되고 사막화 현상이 일어난다. 나아가 어류 생태계에도 급격한 변화가 나타나게 될 것이다. 먹이이자 산란장의 역할을 해 주는 해조류가 없어지게 되면 어류의 생장에 나쁜 환경이 조성되기 때문이다.

08

미래의 자원, 메탄 하이드레이트

메탄 하이드레이트

'광물의 표본실', 광물의 종류는 다양하지만 석회석을 비롯한 몇몇 광물을 제외하고는 매장량이 극히 적은 우리나라를 칭하는 이름이다. 예전에는 그나마 석탄을 자급할 수 있었으나 이제는 석탄도 전량 외국에서 수입하고 있다. 품질 좋은 석탄은 이미 다 사용했을 뿐만 아니라 더 깊은 곳에서 석탄을 채굴하기 위해 비용은 증가하는 반면, 값싼 중국산 석탄이 수입되어 경제성이 낮아졌기 때문이다. 현재 우리나라는 필요한 에너지 자원을 대부분 외국에서 수입하여 충당하고 있으며 그 사용량은 나날이 증가하고 있다.

이름부터 낯선 메탄 하이드레이트는 바로 이렇게 자원이 빈약한 우리나라에 한 줄기 빛과도 같은 희망을 선물하는 자원이다. 나날이 치솟는 자원 비용으로 인해 경제적으로 큰 타격을 입고 있는 우리나라가 메탄 하이드레이트를 개발하게 된다면 외국에 의존하지 않고 안정적으로 에너지 자원을 공급받을 수 있다.

우리가 그동안 알고 있던 기체 상태의 가스와 달리, 메탄 하이드레이트는 얼어 있는 가스를 의미한다. 메탄 하이드레이트는 깊은 바닷속에서 미생물이 분해되고 발효되면서 만들어지기도 하고, 메탄이나 에탄 등의 가스가 특정한 온도와 압력으로 인해 얼음으로 변하며 만들어지기도 한다. 얼음 상태로 존재하다 보니 기온이 낮아 1년 내내 땅이 얼어 있는 고위도의 영구동토 지역이나 깊은 바닷속의 퇴적층에 주로 분포한다.

지금까지 발견된 대부분의 메탄 하이드레이트는 깊은 바닷속에서 탐사되었고, 주로 미생물 분해에 의해 만들어진 것으로 알려졌다. 즉, 박테리아가 생물을 분해하는 과정에서 분비된 메탄가스가 물과 결합하여 만들어진 것이다. 메탄 하이드레이트는 구성 물질의 95퍼센트 이상이 메탄가스이며, 1세제곱미터당 164세제곱미터의 메탄가스가 농축되어 있다.

앞서 살펴보았듯이 메탄 하이드레이트는 얼음 상태이지만, 불을 붙이면 얼음이 녹고 그 안에 있는 메탄이 연소되면서 활활 타오른다. 마치 드라이아이스와 비슷한 모습이다. 그래서 메탄 하이드레이트를 '불타는 얼음'이라고 부르기도 한다. 약 100여 년 전 프랑스에서 실험을 통해 가스가 얼음 상태로 존재할 수 있다는 것이 알려진 후, 1930년대에는 실제로 이것이 존재한다는 것을 확인하게 되었다. 천연가스의 생산 파이프를 막는 물질이 바로 메탄 하이드레이트였던 것이다. 그러나 당시에는 석유나 천연가스가 풍부했기 때문에 메탄하이드레이트는 외면받았다.

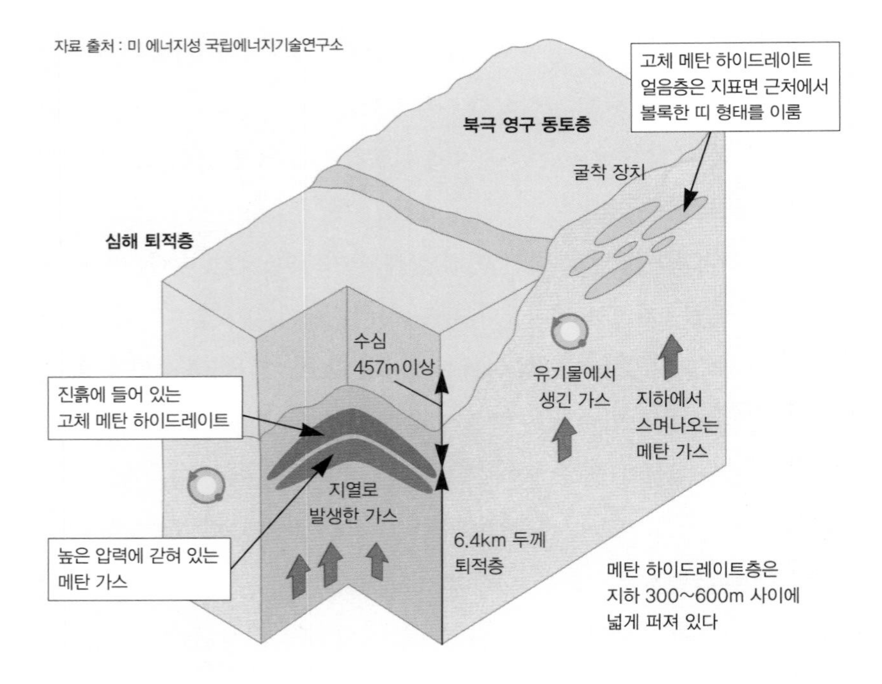

메탄(가스) 하이드레이트 퇴적층.

그 후 1967년에는 실제로 시베리아의 영구동토 지역에서 고체 상태의 메탄 하이드레이트가 채취되었고, 영구동토 지역을 비롯하여 알래스카 · 캐나다 · 시베리아 · 노르웨이 등의 고위도 지역에서도 메탄 하이드레이트가 발견되었을 뿐만 아니라, 알래스카 주변 바다 · 미국 동서부 바다 · 멕시코 만 일대 · 일본 주변 바다 · 인도 주변 바다 등에서도 메탄 하이드레이트가 발견되었다. 이렇듯 광범위하게 분포하는 메탄 하이드레이트는 다양한 형태로 존재하고 있다.

메탄 하이드레이트 바로 밑에는 천연가스와 석유가 함께 매장되어 있는 경우가 많다. 얼음 상태인 메탄 하이드레이트가 다른 물질이 침투하는 것을 차단하여 천연가스나 석유의 보호막 역할을 해 주고, 이 물질이 빠져 나가는 것을 막고 있는 것이다. 따라서 어떤 지역에서 메탄 하이드레이트가 발견되었다는 것은 그 지역에 천연가스나 석유가 존재한다는 것을 의미하기도 한다. 전 세계에 약 10조 톤의 메탄 하이드레이트가 분포하는 것으로 확인되었는데, 이는 약 5000년을 사용할 수 있는 어마어마한 양이다.

그러나 메탄 하이드레이트를 에너지원으로 사용하는 일은 쉽지 않다. 액체 상태의 석유나 천연가스는 물과 섞이지 않으므로, 한쪽에서 파이프를 통해 물을 채우면서 다른 쪽에서 석유나 천연가스를 시추하는 것이 가능하다. 하지만 메탄 하이드레이트는 진흙에 들어 있으며 고체 상태로 존재하기 때문에 더욱 복잡한 채굴 과정을 거쳐야 한다. 게다가 심해에 분포하기 때문에 정확한 위치에서 시추하는 것도 쉽지만은 않다. 온도가 낮고 압력이 높은 환경에서 만들어지는 메탄 하이드레이트의 성질을 역으로 이용하여 뜨거운 물을 넣거나 압력을 낮추어 얼음을 녹이고 메탄가스를 분리해야 한다. 또, 고체 상태를 기체 상태로 변환시키는 물질을 이용하는 방법이 있다.

그런데 이는 환경 단체의 반대를 불러일으키기도 한다. 메탄 하이드레이트를 이용하여 메탄 하이드레이트 층이 얇아지거나 사라지게 되면 지층이 불안정해지고 해양 생태계 및 환경에 큰 변화를 초래할 우려가 있다는 것이다. 메탄 하이드레이트를 시추하는 것도 쉽지 않은 일이지만, 그 과정에서 방출되는 막대한 양의 메탄가스는 환경오염의 주범이다. 메탄가스는 이산화탄소보다 더욱 강력한 온실 기체이기 때문이다. 대기 중 메탄가스의 농도가 높아지게 되면 지구온난화가 가속화되어 지금보다 더 빠른 속도로 기후변화가 진행될 수 있다.

일각에서는 버뮤다 삼각 지대에서 선박이나 비행기가 흔적도 없이 사라진 원인이 바로 메탄가스 때문이라는 주장이 제기되기도 했다. 미국의 플로리다 주와 마이애미 주, 그리고 푸에르토리코를 잇는 이 삼각 지대는 선박이나 비행기가 수차례 사라진 것으로 유명하다. 이곳 주변의 바다 밑에도 메탄 하이드레이트가 분포하는 것으로 밝혀졌다. 해수의 온도가 상승하면 메탄 하이드레이트 층이 일시에 녹으면서 그 부피의 164배에 달하는 메탄가스가 방출되는데, 많은 양의 메탄가스가 바닷물에서 빠져나가면서 생긴 빈 공간을 메우기 위해 그만큼 많은 양의 바닷물이 순간적으로 끌려 들어가게 된다. 이때 주변을 지나는 선박이나 비행기가 동시에 끌려 들어간다는 주장이다.

카이스트KAIST의 생명화학공학과 이흔 교수는 이러한 우려를 잠재우기 위하여 메탄 하이드레이트의 개발 과정에서 발생하는 환경문제를 최소화할 수 있는 방법을 개발하였다. 얼음을 녹여 메탄가스를 분리하는 방법 대신, 대표적인 온실가스인 이산화탄소를 농축시켜 메탄 하이드레이트가 있는 곳에 주입하면 메탄이 빠져나가면서 빈 공간에 이산화탄소가 자리 잡게 된다는 것이다. 전 세계의 이목을 집중시킨 이러한 기술을 실제로 메

자원의 가치는 영원할까?

자원이란 정확히 무엇일까? 우리나라는 천연자원이 적어 인적자원의 개발이 중요하다는 이야기를 한 번쯤 들어 보았을 것이다. 좁은 의미의 자원은 자연에서 얻을 수 있는 석탄 · 석유 · 나무 · 열매 등의 천연자원을 의미하고, 넓은 의미의 자원은 눈에 보이지 않는 인적자원과 문화적 자원까지도 포함한다. 그러나 '자원'은 일반적으로 기술적인 개발이 가능하며 자원을 통해 경제적인 이익을 얻을 수 있고 우리의 일상생활에 쓸모가 있어야 한다.

현대 사회에서 석유는 없어서는 안 될 소중한 자원이다. 서남아시아와 북아프리카의 일부 국가는 석유를 수출해서 국가의 경제 기반을 닦아 나라 경제가 비약적으로 발전할 만큼 석유는 귀중한 자원이다. 하지만 놀랍게도 이런 석유가 자원으로서 가치를 인정받은 역사는 그리 오래되지 않았다. 과거에 중동 지역에서 우물을 팔 때, 땅 위로 스미는 검은 기름은 쓸모없고 매우 귀찮은 것이었다. 당시에는 석유를 가공하여 연료 등으로 쓸 수 있는 기술이 없었고, '자원'으로서의 가치를 발견하지 못했기 때문에 석유는 그저 '자연'에 불과했다.

산유국이 석유 개발로 경제적 부를 누린 것처럼, 자연에 불과했던 석탄을 채굴할 수 있는 기술이 개발되고 다양한 분야에서 사용할 수 있게 되면서 강원도의 태백과 정선 일대가 각광받던 시절이 있었다. 그러나 석탄을 채굴할 수 있는 위치가 점점 깊어지면서 채굴 비용은 증가하고 탄광 설비가 낡아 효율이 떨어지게 되었다. 게다가 저렴한 중국산 석탄이 수입되면서 우리나라의 석탄 산업은 경쟁력을 잃게 되었고, 급기야 1980년대 후반, 정부에서 석탄 산업 합리화 정책으로 광산을 정리하면서 정선과 태백 지역의 경제는 침체되었다. 석탄처럼 매장량이 풍부하고 자원을 채굴할 수 있는 기술이 있더라도 경제성이 떨어져 이용하지 않는 자원은 '기술적 의미의 자원'이라고 부른다.

그런데 최근 우리나라에서 생산이 중단되었던 석탄을 캐기 위해 폐광을 다시 부활시킨다는 소식이 들려온다. 중국을 비롯한 여러 개발도상국의 경제성장으로 인해 석탄과 석유를 비롯한 각종 자원의 가격이 나날이 치솟으면서 많은 비용을 들여 채굴해야만 하는 우리나라의 석탄이 다시 경쟁력을 갖게 되었기 때문이다. 이처럼 자원을 개발할 수 있는 기술도 있고 경제성도 갖춘 자원은 '경제적 의미의 자원'에 해당한다.

자원의 가치는 결코 영원불변한 것이 아니다. 메탄 하이드레이트도 자연에 불과했지만, 현재 기술적 자원을 넘어 경제적 자원의 영역으로 도약하고 있는 상황이다.

탄 하이드레이트 개발에 사용하려면 아직도 갈 길이 멀지만, 만약 상용화에 성공한다면 메탄 하이드레이트를 이용하면서 동시에 지구온난화라는 전 지구적인 환경문제도 해결할 수 있는 두 가지 효과가 있다.

또 한 가지 해결해야 할 문제는 경제성이다. 아무리 풍부한 양의 질 좋은 자원이 매장되어 있더라도, 탐사와 채취에 막대한 비용이 든다면 그 자원은 무용지물일 뿐이다. 자원을 이용하여 얻게 될 이득이 그 자원을 채굴하는 데 들어가는 비용보다 커야만 경제성이 있기 때문이다.

세계 각국의 메탄 하이드레이트 개발 경쟁

인류가 처음 사용한 에너지 자원은 목재였고, 산업혁명 이후 석탄이 그 자리를 대신했다. 그때만 해도 중동 지역에서 우물을 팔 때 나오던 검은 기름은 아무 쓸모도 없는 것이었다. 하지만 기술이 발전하여 석유가 석탄보다 효율이 좋은 자원이라는 사실이 알려지면서 석유는 급속히 석탄의 자리를 대체하게 되었다. 석유는 석탄보다 공해 물질의 배출이 적은 자원이지만, 세계의 인구가 급증하고 산업이 발전하면서 석유의 수요가 폭발적으로 늘어남에 따라 환경오염의 주범이 되었다. 석유의 연소 과정에서 배출되는 매연에는 이산화탄소를 비롯한 대기오염 물질이 많이 들어 있는데, 이 물질이 우주로 방출되어야 할 지구 복사에너지를 흡수하는 역할을 하여 점점 지구를 뜨겁게 만들고 있다. 석유보다 오염 물질의 배출이 적지만 폭발의 위험과 운반의 어려움 때문에 사용되지 않았던 천연가스는 관리 기술이 발전하여 섭씨 영하 162도에서 액체로 변환하여 수송할 수 있게 되면서 본격적으로 사용하게 되었다.

에너지 자원의 몸값은 나날이 치솟고 있다. 석유의 수요가 끊임없이 증가하는 데 반비례해 고갈 시점은 점점 앞당겨지고 있고, 국제 정세의 불안으로 석유의 수급이 불안정해지고 있기 때문이다. 이제 세계 각국은 대체에너지의 개발에 박차를 가하는 한편, 석유를 대체할 미래 에너지 자원을 찾는 일에도 열을 올리게 되었다. 이러한 노력의 일환으로 많은 나라가 배타적 경제수역EEZ을 탐사하고 있다. 지구상에는 육지보다 해양의 면적이 훨씬 넓고, 바다 밑에는 우리의 미래를 밝혀 줄 다양한 자원이 있다.

그중 하나가 바로 메탄 하이드레이트다. 앞서 언급했듯이 전 세계에는 10조 톤에 육박하는 메탄 하이드레이트가 분포하고 있는 것으로 추정된다. 1980년, 최초로 메탄 하이드레이트의 채취에 성공한 나라는 미국이다. 1989년에 일본이 그 뒤를 이었고, 2006년에는 인도가 성공했다. 2007년 6월에는 중국이, 2007년 6월 19일에는 우리나라가 세계에서 다섯 번째로 실물 채취에 성공했다.

메탄 하이드레이트 채취의 시발점이 되었던 미국은 새로운 자원 경쟁의 시대에서 선두를 차지하기 위해 중장기 계획을 세우고 예산을 늘려 가며 적극적으로 탐사와 개발에 나서고 있다. '메탄 하이드레이트 연구 개발법MHRDA of 2000'을 제정하여 정부의 각 부처와 연구 기관 및 대학이 협력할 수 있는 연구 체계를 만들었다. 뿐만 아니라 다른 국가와 협력도 소홀히 하지 않고 있다. 일본과는 최근 동해와 일본 주변의 메탄 하이드레이트 층을 공동으로 조사하고 있으며, 2008년에는 우리나라와 '가스 하이드레이트 공동 개발을 위한 의향서'를 체결하여 알래스카 지역 개발에 대한 협력을 도모하고 있다. 현재 미국은 알래스카 부근과 멕시코 만 연안의 탐사에 주력하고 있는데 거기에는 자국 내 천연가스 매장량의 1800배 정도인 9066조 세제곱미터 규모의 메탄 하이드레이트가 매장되어 있는 것으로 파악되고 있다.

막강한 자본력을 바탕으로 1970년대부터 메탄 하이드레이트의 개발을 위해 노력해 왔던 일본은 현재 메탄 하이드레이트 생산 기술이 가장 앞서 있는 국가다. 1989년 이후 지속적인 계획을 수립하고 실천함으로써 동해를 비롯한 일본 연안에서 탐사한 메탄 하이드레이트의 양은 일본 천연가스 사용량의 460배에 달하는 35조 세제곱미터로, 약 100년간 사용할 수 있는 양이다. 2001년부터는 '일본 메탄 하이드레이트 개발 프로그램MH21'을 진행하고 있으며, 최근에는 '메탄 하이드레이트 자원개발 연구 컨소시엄'을 결성하였다.

일본은 파이프를 통해 메탄 하이드레이트 층에 뜨거운 물을 주입하여 얼음을 녹여, 이때 분리된 메탄가스를 채취하는 방법을 개발하였으며, 최근에는 압력을 이용하여 개발 비용을 줄이면서 가스의 저장이 더욱 편리한 방법을 개발하고 있다. 상용화가 가능한 해를 2016년으로 정하고 있다. 그러나 수많은 지진과 화산 폭발로 인한 고통을 경험한 일본에서는 메탄 하이드레이트의 개발로 쓰나미가 발생할 수도 있다는 경고와 함께, 심지어 해저가 붕괴되거나 일본 열도의 지반이 침하될 우려가 있다는 주장도 제기되고 있다.

메탄 하이드레이트 개발에 착수한 역사가 짧은 중국은, 현재 기술은 낮은 편이지만 빠른 속도로 성장하고 있다. 중국은 1998년에 메탄 하이드레이트 개발을 국가 전략 사업으로 정하고 개발에 박차를 가하고 있으며, 중국 국가 발전 개혁 위원회는 2015년을 메탄 하이드레이트 상용화의 목표 연도로 잡았다. 2004년에는 광저우에 연구 개발 센터를 설립하였고, 2007년에는 8곳을 시추하여 그중 3곳에서 아주 두꺼운 메탄 하이드레이트 층을 발견하는 쾌거를 올렸다. 나아가 홍콩까지 800킬로미터의 해저 파이

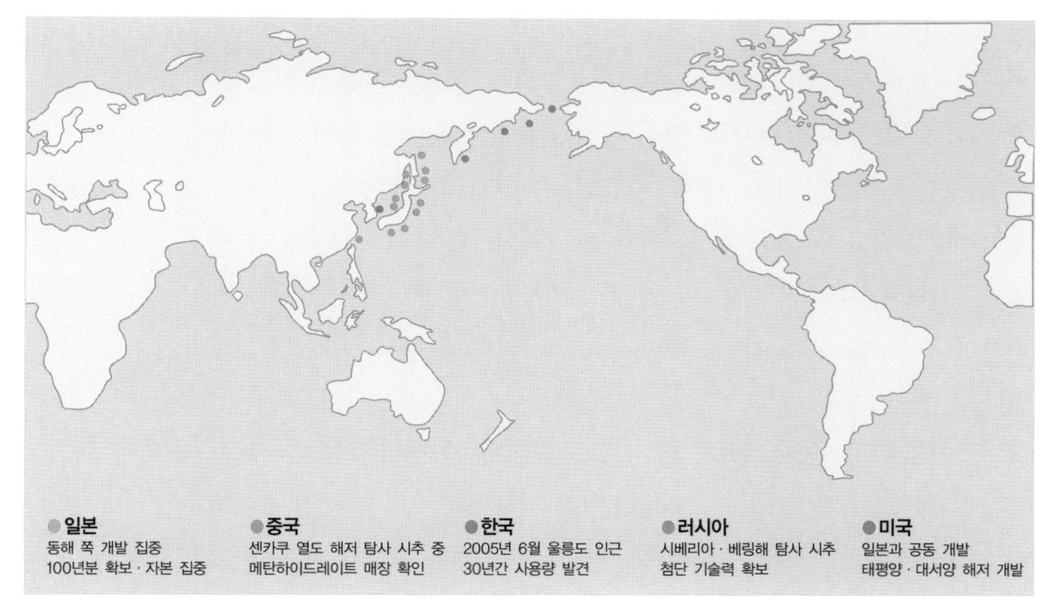

세계의 메탄 하이드레이트 개발.

프라인을 건설하고 이를 통해 메탄 하이드레이트에서 추출한 메탄가스를 수송하겠다는 계획을 세웠다.

가장 앞선 탐사 기술을 보유하고 있는 러시아도 세계 최초로 영구동토 지역인 시베리아의 메소야카에서 메탄 하이드레이트로부터 천연가스를 생산한 이래, 최근에는 오호츠크 해 부근의 탐사에 집중하는 등 지속적인 노력을 기울이고 있다. 인도는 1997년 '국가 가스 하이드레이트 프로그램National Gas Hydrate Programme, NGHP'을 세우고, 현재 1893조 세제곱미터 정도의 메탄 하이드레이트가 매장되어 있는 것으로 파악, 막대한 예산을 거기에 투입하여 탐사 중이다.

세계 각국은 공동 탐사에도 적극적으로 나서고 있다. 캐나다 북서부의 말릭 지역에서 진행된 '말릭 프로젝트Mallik Project'가 그중 하나다. 1998

년에는 미국, 캐나다, 일본이 공동으로 영구동토 지역에 분포하는 메탄 하이드레이트를 탐사했다. 2002년에는 미국, 캐나다, 일본, 독일, 인도가 함께 메탄 하이드레이트의 시험 생산에 성공해 북극에 메탄 하이드레이트 시추 시설을 건설하였다. 1998~2002년, 독일과 러시아의 연구 기관이 'KOMEX Kurile Okhotsk Sea Marine Experiment Project'라는 이름 아래 탐사 작업을 수행했다. 2003년부터 한국, 일본, 러시아, 독일, 벨기에 등의 연구 기관이 협력하여 'CHAOS Hydrocarbon Hydrate Accumulations in the Okhotsk Sea Project'를 진행하고 있다.

미국 지질 연구소USGS가 전 세계의 메탄 하이드레이트 분포 지역을 조사한 결과 러시아, 알래스카, 캐나다 등의 영구동토 지역 및 해저 분지에 메탄 하이드레이트가 많이 분포하는 것으로 밝혀졌다. 러시아, 캐나다, 일본의 합동 연구에서는 캐나다 북쪽의 버포트 해에서부터 알래스카 앞 베링 해협을 지나 오호츠크 해와 일본 열도까지 이어지는 메탄 하이드레이트 벨트가 발견되었다. 그리고 이 벨트가 바로 독도 주변까지 연결된다.

독도의 메탄 하이드레이트

겉으로 보기에는 매우 작지만, 독도는 수면 위로 드러난 면적보다 물 아래 잠겨 있는 면적이 훨씬 넓은 지형이다. 이처럼 독도는 수면 위에서 얻을 수 있는 자원보다 그 주변의 바다에 묻혀 있는 자원이 훨씬 더 무궁무진하다. 풍부한 어족 자원을 비롯한 희귀 동식물, 최근 각광받고 있는 해저 심층수, 활용도가 높은 인산염 광물 등은 매우 가치 있는 자원이다. 심지어 독도 주변의 미생물까지도 식품, 공업, 의학 등 다양한 분야에서 활용될 것으로 기

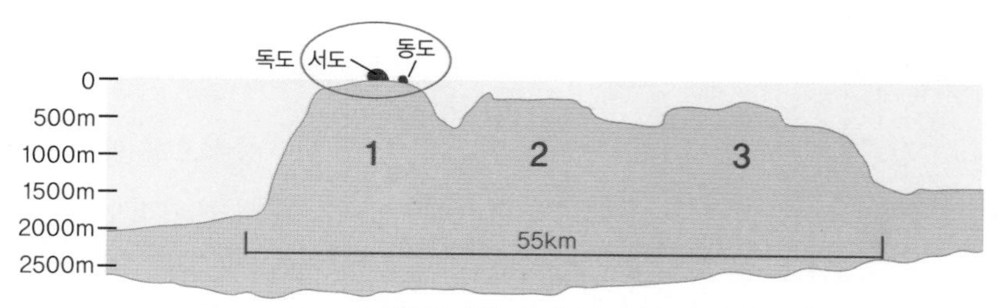

지질학적 자원
- 450만~250만 년 전 형성.
- 여러 단계의 화산활동 거쳐 다양한 지질 형성.
- 바닷물 속에 거대 산맥이 발달돼 있어 해저산의 진화 과정 연구에 좋은 표본.

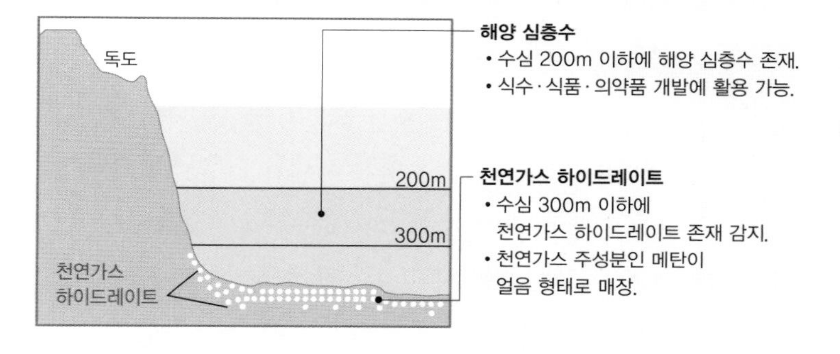

해양 심층수
- 수심 200m 이하에 해양 심층수 존재.
- 식수 · 식품 · 의약품 개발에 활용 가능.

천연가스 하이드레이트
- 수심 300m 이하에 천연가스 하이드레이트 존재 감지.
- 천연가스 주성분인 메탄이 얼음 형태로 매장.

독도의 지형과 자원.

대하고 있다. 그중에서도 가장 관심을 끄는 것이 바로 메탄 하이드레이트다. 현재 울릉도와 독도 주변의 동해에는 많은 양의 메탄 하이드레이트가 매장되어 있는 것으로 추정된다.

1992년, 한국과 러시아의 공동 탐사에서 오호츠크 해의 지질구조에서 나타나는 특성이 동해에서도 나타난다는 것이 밝혀지면서, 처음으로 동해에서도 메탄 하이드레이트의 존재 가능성이 제기되었다. 독도 주변 바다에는 분지 모양의 지형이 존재하는데, 이곳은 육지에서 멀리 떨어져 있어 하천에 의한 퇴적물의 공급이 잘 이루어지지 않으며 수심이 깊어 온도가 낮다. 지질적 특성의 영향을 많이 받는 메탄 하이드레이트는 이와 같은 지형적 특성을 나타내는 곳에 주로 분포한다.

1995년부터 일부 대학 연구소와 국책 연구소를 중심으로 메탄 하이드레이트에 대한 연구를 시작한 우리나라는 2000년부터 본격적으로 동해 탐사에 노력을 기울인 결과, 수심 약 1000미터 이상의 동해 해저에 메탄 하이드레이트의 존재 가능성을 확인하였다. 2004년에는 메탄 하이드레이트 개발 종합 계획을 수립하고 2005년부터 2014년까지 2257억 원을 투입하여 2015년 상용화를 목표로 하겠다는 계획 아래 탐사에 박차를 가했다.

그 결과 2005년 6월, 울릉도에서 남쪽으로 100킬로미터가량 떨어진 지점의 해저에서 약 6억 톤가량의 메탄 하이드레이트를 발견해 세계의 이목을 집중시켰다. 7월에는 '가스 하이드레이트 개발 사업단'을 결정하여 집중적인 연구가 이루어질 수 있는 환경을 조성하였다. 6억 톤의 메탄 하이드레이트는 천연가스로 환산하면 약 150조 원에 육박하는 가치가 있으며, 1년에 소비되는 천연가스의 양이 약 2000만 톤인 우리나라에서 약 30년 동안 사용할 수 있는 양이다. 전문가들은 현재까지 밝혀진 매장량보다 더 많은 양이 존재할 것이라고 추정했다.

2007년 6월에는 독도 주변 바다에서 우리나라 최초로 메탄 하이드레이트를 채취했다. 겉보기에는 드라이아이스와 흡사한 메탄 하이드레이트에 불을 붙이자 활활 타올랐다. 하지만 2015년에 메탄 하이드레이트를 실생활에서 연료로 사용할 수 있으려면 아직도 갈 길이 멀다.

우선 수심이 깊고 물살이 센 동해에서 안정적으로 시추관을 설치하고 메탄 하이드레이트를 채굴할 수 있는 기술을 확보해야 한다. 우리나라보다 앞서 메탄 하이드레이트의 개발에 착수했던 다른 나라의 앞선 기술을 배워야 하는 것은 물론, 이보다 한 걸음 더 나아가기 위해 아낌없는 지원을 해야 하고, 그것을 밑거름으로 부단히 연구해야 한다.

자체 생산기술을 갖추어 메탄 하이드레이트를 연료로 사용하는 데 성공하더라도, 몇 가지 문제를 해결해야 한다. 육지에서 200킬로미터 이상 떨어져 있는 독도에서 채취한 메탄 하이드레이트를 육지로 운반하는 일이 쉽지 않기 때문이다. 또 앞서 언급했던 메탄 하이드레이트의 개발 과정에서 예상되는 환경문제를 해결해야 한다.

해양자원을 탐사할 수 있는 독자적인 기술도 미흡하며 장비도 부족했던 우리나라가 이제는 세계에서 다섯 번째로 메탄 하이드레이트를 채취할 만큼 기술과 능력이 성장했다. 특히 에너지 자원의 자급률이 매우 낮은 우리나라는 해양자원이 곧 미래라고 해도 과언이 아니다. 게다가 일본에 유래 없는 강진이 일어나면서 원자력발전소에서 방사능이 누출되는 사고가 일어나자, 공해가 적고 안전하다고 믿어 왔던 원자력발전에 대한 공포와 불안이 만연하고 있다. 그렇기 때문에 메탄 하이드레이트에 거는 기대가 더욱 커질 수밖에 없는 상황이다. 그러므로 우리에게 한없이 깊은 잠재력과 무한히 넓은 가능성을 끝없이 선물하는 독도와 동해를 아끼고 보존하는 일은 이제 단순히 우리 땅을 지킨다는 의미를 넘어서 우리의 미래를 지키는 일이 되었다.

09

알려지지 않은 독도의 자원

"울릉도 동남쪽 뱃길 따라 이백 리, 외로운 섬 하나 새들의 고향." 이 노래에서 알 수 있듯이 독도는 생태계의 보고다. 육지와 멀리 떨어져 있다는 지리적 조건으로 특유의 생태계를 구성했을 뿐만 아니라, 망망대해 한복판에 자리한 섬은 먹이가 많고 천적이 없다는 특유의 장점을 발휘하여 오랜 비행에 지친 철새에게 편안한 쉼터를 제공한다. 그뿐만 아니라 독도는 희귀 동식물에 대한 연구 기반을 제공하는 등 학술적으로도 중요한 가치가 있는 섬이다. 오랫동안 사람의 출입이 통제되었던 지역이기 때문에 소중한 생태계가 오랫동안 유지될 수 있었다.

2006년의 조사를 통해 독도에는 107종의 조류 및 49종의 식물, 93종의 곤충, 160종의 해조류, 368종의 해양 무척추동물 등 780여 종의 다양한 동식물이 서식하는 것으로 확인되었다. 조류 중에 개체 수가 가장 많은 것은 괭이갈매기다. 천연기념물 336호인 괭이갈매기는 4월 하순부터 5월까지 독도에 날아들어 산란을 하고 둥지를 만드느라 바쁘게 움직인다. 이 시기에 독도를 찾는 괭이갈매기는 약 1만여 마리에 달한다. 괭이갈매기의 번식기인 5, 6월에는 독도 식생의 약 70퍼센트가 개밀 군락으로 뒤덮인다. 번식이 끝나가는 7, 8월에는 개밀 군락이 돌피 군락으로 변하고, 이 시기에 독도를 떠나는 철새는 돌피를 먹이로 삼는다. 괭이갈매기도 이 시기에 알에서 부화한 새끼를 데리고 독도를 떠난다. 그리고 약 한 달 뒤에 새끼는 독립하며, 3년이 지나면 번식을 하게 된다. 어른이 된 괭이갈매기는 번식을 할 때 다시 독도로 돌아온다.

불과 100년 전에는 울릉도와 독도의 하늘을 뒤덮을 만큼 많이 날아왔던 슴새는 원래 번식력이 약한 데다가 무차별적인 남획으로 이제는 희

괭이갈매기의 새끼.

독도의 터줏대감 괭이갈매기.

천연기념물 새매.

외래종에 의해 목숨을 잃는 바다제비

바다제비는 매년 여름 독도를 찾는 손님이다. 독도에서 굴을 파고 생활하며, 한 번 산란할 때 단 한 개의 알을 낳는다. 새끼는 얼마간 독도에 머물다가 남태평양으로 날아가 겨울을 나고, 5년 후 다시 독도를 찾아온다.

최근 독도에서 관찰되는 바다제비의 수가 줄어들고 있다. 그 이유는 외래종인 쇠무릎 때문이다. 과거에는 독도에서 쇠무릎을 거의 볼 수 없었지만, 독도가 개방된 2005년 이후 사람의 왕래가 잦아지면서 독도의 생태계가 크게 변했다. 그중에서도 갈고리 모양의 열매를 가진 쇠무릎의 개체수가 폭발적으로 증가하면서 독도에 서식하는 바다제비의 60퍼센트가 쇠무릎 때문에 목숨을 잃었다.

바다제비는 장거리 이동을 하기 때문에 높은 하늘에서 긴 날개를 쫙 펴고 비행하는 것에 익숙하다. 즉, 육지의 다른 새들처럼 날갯짓을 하지 않기 때문에 날개의 힘이 약하다. 결국 쇠무릎에 걸리면 날개를 빼지 못하고 버둥거리다가 날개 전체가 가시에 걸려 죽게 된다. 이를 구하려던 어미 바다제비까지 목숨을 잃을 뿐만 아니라, 쇠무릎에 걸린 바다제비를 사냥하기 위해 날아온 조롱이도 쇠무릎에 걸려 날개를 잃고 죽어 간다.

바다제비.

2009년 연구 조사에 따르면 독도의 식물 49종 가운데 19종이 독도 자생종이 아닌 것으로 밝혀졌다. 독도가 희귀 동식물에게 안전한 삶의 터전이 될 수 있도록, 외래종을 관리하는 노력이 필요하다.

귀 조류가 되었다. 슴새는 독도와 홍도를 비롯한 우리나라와 중국, 일본의 해안과 섬 지역에서 번식한다. 6, 7월에 해안 절벽이나 땅속에 구멍을 파서 거기에 알을 낳는데 부화한 새끼들은 어미와 함께 우리나라에 머무르다가 70~90일이 지나면 독도를 떠난다. 22일간 무려 3600킬로미터를 이동해 필리핀, 싱가포르, 베트남 등 동남아시아에서 겨울을 보낸다.

이렇게 독도를 지키던 많은 생물이 사라지거나 멸종의 위기에 처해 있는 상황 속에서도 희망은 존재한다. 2010년에는 쇠종다리, 홍여새, 알락꼬리쥐발귀, 꼬까참새 등의 희귀 조류와 멸종 위기 조류인 뿔쇠오리, 매를 비롯하여 천연기념물인 황조롱이, 새매, 흑비둘기 등이 발견되었기 때문이다. 아직은 독도가 자연 그대로의 모습을 간직하고 있는 듯하다.

희귀 조류인 진홍가슴은 주로 시베리아 · 홋카이도 등지에서 간혹 발견되며, 국내에서는 2004년 부산에서 최초로 발견된 후로 독도에서 2010년에 발견되었다. 여름철에는 시베리아와 홋카이도 일대에서 3~5개의 알을 낳으며, 개마고원 일대에서도 볼 수 있다. 봄 · 가을에 무리지어 남한 지역을 통과하고, 겨울에는 타이완이나 필리핀 등지에서 지낸다.

독도의 식물 분포를 살펴보기 전에, 식물이 자라기 좋은 몇 가지 조건을 생각해 보자. 당연히 충분한 양의 햇빛과 물이 필요하고, 깊은 뿌리를 내리고 양분을 얻을 수 있는 고운 흙이 갖추어져 있어야 한다. 그러나 우리가 알다시피 독도는 암석으로 이루어진 섬으로 토양의 발달이 미약하며, 게다가 동해 한가운데 위치하고 있어 일 년 내내 바람이 심하게 부는 곳이기도 하다. 즉, 식물이 자라기에는 좋지 않은 환경인 것이다. 따라서 독도의 식생은 바위 틈 사이에서 힘겹게 싹틔우는 풀이 대부분이고, 나무는 극히 일부에 불과하다.

한때 울릉군과 울릉애향회, 울릉사랑회, 독도사랑회 등의 지역 단체

1 섬괴불나무의 꽃.
2 멸종 위기 조류 흑비둘기.
3 동도에 있는 사철나무.

가 해송, 동백나무, 향나무 등을 식재한 적이 있지만, 독도의 척박한 환경 때문에 대부분이 고사하였다. 현재는 동도에서 섬괴불나무와 사철나무, 서도에서는 사철나무와 보리밥나무 정도만 찾아볼 수 있다. 초본류 사이에서도 분포 지역은 서로 다르다. 땅채송화 군락은 아직 풍화가 깊게 진행되지 않은, 신선한 암석이 분포하는 지역에서 자라고 있으며, 그늘지고 습기가 많은 암석의 절리 사이에서는 도깨비쇠고비 군락이 분포한다. 개밀 · 돌피 군락은 토양과 유기물이 집적된 곳에서 자라고 있는데, 개밀과 돌피는 철새가 좋아하는 먹이여서 이곳에는 철새가 많이 서식한다. 그밖에도 해국, 섬장대 등이 관찰되었다.

독도의 식생은 가까운 울릉도의 영향을 받아 쑥, 명아주, 국화 등 울릉도에서 자라는 식물이 독도에도 나타난다. 울릉도와 독도를 왕래하는 사람에 의해 화분이 옮겨진 것으로 추측된다. 한편, 독도는 울릉도와 별개로 독자적인 생태계를 가지고 있다고 볼 수도 있다. 울릉도에서는 나타나지 않는 번행초 등의 식생이 관찰되기 때문이다.

자원 고갈의 돌파구 '인산염 광물'

비료나 가축의 사료 및 합성세제의 원료 등 다양한 분야에서 이용되는 인산염 광물은 우리 삶에 없어서는 안 되는 자원이다. 인산염을 포함한 광석인 인광석은 중국, 모로코, 남아프리카공화국, 미국, 러시아 등지에 절반 가까이 분포하며, 인산염을 얻을 방법이 없었던 우리나라는 필요한 모든 인광석을 이들 나라에서 수입해야만 했다. 그러나 세계 인구의 급증에 따라 식량 생산 또한 증가하면서 동시에 비료의 수요가 많아졌고, 수많은 개

밥에 넣어 먹던 '대황'은 암치료제

늘 식량이 귀했던 울릉도에서는 밥을 지을 때 양을 부풀리기 위해 다른 재료를 넣어서 밥을 짓곤 했는데, 울릉도 주변 바다에서 흔히 볼 수 있는 대황 또한 밥을 지을 때 들어가는 재료였다. 지금도 울릉도의 주민은 다시마나 미역과 비슷하게 생긴 '대황'이라고 하는 해조류를 젓갈로 만들어 반찬으로 먹거나 쌈을 싸 먹기도 한다. 대황은 사람에게 먹을거리를 제공할 뿐만 아니라, 전복이나 소라와 같은 바다 생물의 먹이가 되어 생태계를 유지해 주고, 물고기의 안식처가 되어 준다.

울릉도나 독도에 주로 서식하는 것으로 유명한 대황이 최근 다양한 역할로 새롭게 주목을 받고 있다. 2010년 부경대학교의 해양 바이오 프로세스 연구단은 대황에서 암의 전이를 촉진하는 물질의 활동을 억제하고 암세포의 침투를 차단하여 암이 다른 부위로 퍼지는 것을 막는 물질을 추출했다. 'Fucofuroeckol-A'와 'Dieckol'이라고 불리는 이 물질은 천연 물질이기 때문에 안정성이 높고 부작용이 적다. 또 이 물질은 주름을 생성하는 데 기여하는 콜라겐 분해 효소의 활동을 억제하여 주름을 예방하고 피부의 재생을 돕는 효과가 있는 것으로 밝혀졌다.

같은 해 국립 수산 과학원은 친환경 소재를 활용하여 대황의 생존 환경을 조성하는 일을 시작했다. 예전에는 울릉도와 독도 주변 바다에서는 어디서든 대황을 볼 수 있었지만, 최근에는 대황의 개체수가 점점 줄어 멸종 위기에 놓여 있기 때문이다. 대황의 수가 줄어들고 있는 이유는 무엇일까.

우선 지구온난화의 영향으로 인해 최근 동해의 수온이 높아지면서 기하급수적으로 증가하고 있는 불가사리에 주목할 필요가 있다. 물론 단순히 지구온난화라는 하나의 원인으로 불가사리의 개체수가 늘어난 것은 아니다. 울릉도 주변 바다를 환히 밝히는 오징어잡이 어선에서 오징어를 잡자마자 바로 손질하여 내장을 바다에 버렸는데, 이것이 불가사리에게는 좋은 먹잇감이 되어 주었다. 불가사리는 새우, 조개, 해조류 등 다양한 바다 생물을 먹이로 삼지만, 강한 산성을 띠기 때문에 다른 물고기는 불가사리를 먹지 않는다. 이렇듯 천적이 없는 불가사리의 활동이 활발해지면서 성게 또한 점점 그 수가 늘고 있어 해조류는 서식지를 잃게 되었다. 대황을 비롯한 여러 해조류가 고사하면서 쌓인 탄산칼슘으로 인해 심각한 수준의 갯녹음(백화현상)이 나타날 정도다.

게다가 최근 대황의 여러 가지 효능이 알려지기 시작하면서 수많은 연구소와 기업에서 대황을 연구하기 위해 대량으로 채취하는 일이 비일비재하다. 대황은 여러해살이 해조류라 한 번 서식지가 파괴되면 다시 복원되기까지는 오랜 시간이 걸린다. 울릉도와 독도를 푸르게 수놓는 대황의 서식지가 바다 숲으로 발전할 수 있도록 더 많은 관심과 지원이 필요하다.

발도상국의 경제발전으로 품질이 좋은 인광석은 이미 고갈되었다. 또, 지구온난화가 전 지구적 문제로 대두되고 석유 가격이 지속적으로 높아지면서 대체에너지로 각광받고 있는 바이오매스 에너지의 생산과정에 인이 사용됨에 따라 안정적으로 인을 공급받는 일은 더욱 어려워지고 있다.

전 세계 인광석의 대부분은 바다 밑에 퇴적되어 있다. 러시아에서는 1970년대 말에 오호츠크 해에서 최초로 인산염을 포함한 광물이 분포하는 것을 확인되었고 그 후 동해에서도 인산염 광물이 채취되었다. 특히 독도 주변은 수심이 얕은 대륙붕과 해저화산으로 이루어져 있어 퇴적이 일어나기 좋은 환경이며, 대륙으로부터 멀리 떨어져 있어 다른 퇴적물의 공급이 적어 품질 좋은 인산염 광물이 분포한다. 다른 지역에 비해 인산염의 비중이 높을 뿐만 아니라 두께도 매우 두꺼워 경제성이 뛰어나다.

게다가 인산염 광물에는 원자력발전의 원료인 우라늄이 많이 포함되어 있고, 철강 합금에 필요한 자원인 바나듐도 포함되어 있어 그 가치는 무궁무진하다. 아직은 얼마나 많은 인산염 광물이 분포하고 있는지 정확한 조사가 이루어지지 않았지만, 독도 주변 바다에서 인산염 광물을 산출하게 된다면 자원 약소국인 우리나라의 경제에 큰 도움이 될 것이다.

독도에서 발견된 유용한 세균

독도 주변의 깊은 바다에는 무려 1만 2000종에 달하는 미생물이 존재한다. 이들 중에서는 아직 그 존재가 밝혀지지 않은 미생물도 상당수에 달한다. 흔히 '세균'이라고 하면 질병을 옮겨 인체에 해롭다는 선입견이 좋지 않다. 하지만 이 중에는 우리 생활에 도움이 되는 세균도 있다.

'독도니아Dokdonia', '독도넬라Dokdonella', '동해엔시스Donghaensis'. 낯설고도 특이한 이 이름은 우리나라 과학자가 최근 독도 주변에서 발견한 미생물에 붙인 것이다. 독도니아는 독도 주변의 바다에서 발견한 세균이고, 독도넬라와 동해엔시스는 독도의 흙에서 발견한 세균이다. 이 이름은 국제학계에서 인정을 받았다. 앞으로 모든 학자가 이 이름을 사용하게 되면서 자연스럽게 우리 영토인 독도를 전 세계에 알리게 되었다.

각국의 과학자는 새로운 미생물을 찾기 위해 불철주야 노력하고 있는데, 그 이유는 미생물 또한 귀중한 미래 자원으로 그 가치가 나날이 높아가고 있기 때문이다. 정밀 화학 산업 분야에서 없어서는 안 되는 원료일 뿐만 아니라 최근에는 의약품용 단백질, 발효효소 등을 생산하는 데에도 사용되고 있다. 독도니아를 발견한 과학자는 독도니아가 특정한 유전자를 이용해 광합성을 한다는 것을 발견하였고, 이 세균을 다양한 산업 현장에서 활용할 수 있도록 연구하고 있다.

'동해독도동해아나 독도넨시스Donghaeana dokdonensis'라는 명칭의 미생물 또한 '한국 생명공학 연구원'의 연구진이 2004년에 독도 주변 바다에서 발견했다. 이 세균은 곰팡이의 성장을 억제하는 특성으로 인해 의약계의 주목을 받고 있으며 산업에 활용할 수 있어 그 가치가 매우 높게 평가되고 있다. 또 '동해독도'는 우리나라 최초의 우주인 이소연 씨가 우주로 가져가 유명해지기도 했다.

2010년에는 경북대학교 '독도 미생물 자원 연구팀'이 독도에서 다양한 미생물을 발견하였고, 그중 몇 가지 미생물이 콘크리트 구조물의 강도를 높이는 특성이 있다고 밝혀져 화제를 모았다. 콘크리트 구조물의 표면에는 미세한 구멍이 수없이 많이 있는데, 여기에 충격을 가하면 금이 가거나 구조물의 수명이 단축되는 등 악영향을 미친다. 따라서 구조물의 수

명을 연장시키기 위해서 인간과 환경에 해로운 물질을 사용할 수밖에 없었다. 이와 달리 '독도산 탄산칼슘 형성 세균'은 구조물의 수명을 연장시키면서도 인간과 환경에 해를 끼치지 않는 환경 친화적인 자원이다. 이 미생물은 흡수한 물질을 분해하는 과정에서 이산화탄소를 방출하며, 이산화탄소는 콘크리트에 함유되어 있는 칼슘과 만나 결정을 만든다. 이렇게 만들어진 결정이 콘크리트 표면의 수많은 구멍을 메워 매끄럽게 만들어 구조물의 강도를 높이는 것이다.

'식물 면역 유도 근류균'이라고 하는 세균도 있다. 이름에서 알 수 있듯이 이 세균은 독도에 자생하는 식물의 뿌리 근처에 서식하면서 질소를 고정시키고 식물의 병에 대한 저항력을 높여줌으로써 식물의 생산을 촉진하는 역할을 한다고 밝혀졌다.

한국은 신종 세균 발표 수 세계 1위 국가라는 자리를 2년 연속 지키고 있을 뿐만 아니라, 전 세계에서 가장 많은 신종 미생물을 발견한 나라다 국제 미생물 계통 분류 학회지, IJSEM. 미생물 연구는 우리나라의 산업 발전에 큰 도움을 줄 뿐만 아니라, 나아가 우리 독도 주변 바다에 서식하는 알려지지 않은 수많은 미생물 발견에 중요한 밑거름이 된다. 또한 현재까지 학계에 보고된 미생물은 전체의 1퍼센트 정도에 불과하다고 하니 앞으로도 독도 주변에 서식하는 다양한 미생물의 정체를 하나하나 밝히는 일은 여러 면에서 의미 있는 작업이 될 것이다.

4장

한일 역사에 등장하는 독도

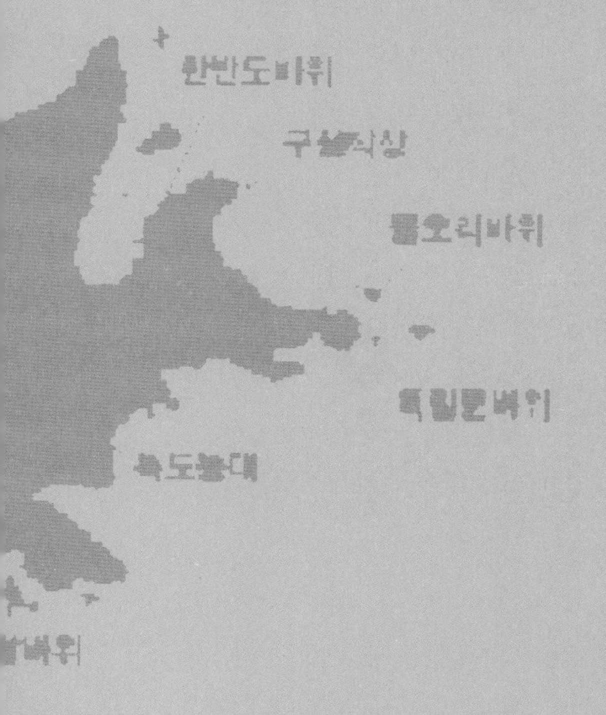

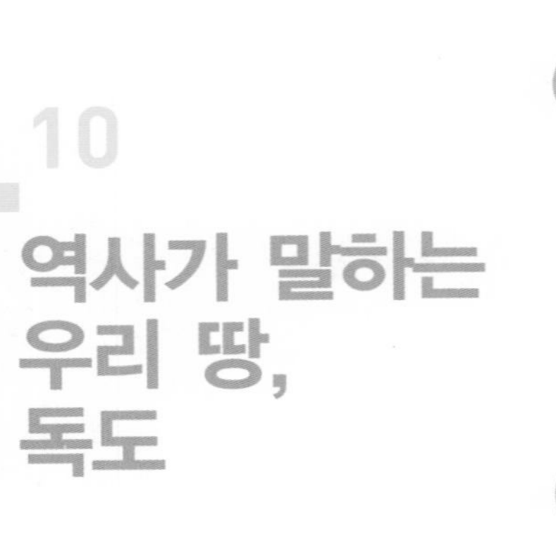

10 역사가 말하는 우리 땅, 독도

'독도는 우리 땅'이 만들어진 배경

지난 2011년 2월, 우리나라 성인 637명을 대상으로 한중일 3국이 해결해야 할 역사적 현안에 대해 물은 결과 응답자의 40.7퍼센트가 '일본의 독도 영유권 주장'이라고 답했다. 이어 중국의 역사 왜곡33퍼센트, 일본군 위안부 문제17.6퍼센트, 일본 야스쿠니 신사 참배7.5퍼센트, 잘 모르겠다1.3퍼센트 순으로 조사되었다. 그만큼 현재 우리나라 국민이 독도 영유권 문제를 심각하게 생각하고 있다는 말이다.

여러분은 '독도는 우리 땅'이라는 노래를 알고 있는가? 1982년 발표된 '독도는 우리 땅'은 발표 당시부터 많은 인기를 얻었고, 지금까지 우리나라 사람이 즐겨 부르는 노래 중 하나다. 1996년에는 교육부현재 교육과학기술부가 초등학교 4학년 2학기 '사회과 탐구' 교과서에 이 노래의 가사를 5절까지 모두 실었다. 또, 1999년 국가정보원이 발표한 '최근 북한 실상 1999년 4월호'에 따르면 '북한 주민이 가장 즐겨 부르는 남한 가요 베스트 5'에도 뽑혔다. 그만큼 이 노래는 남북한 사람 모두가 좋아하고 즐겨 부르는 노래다.

그런데 이렇게 사랑받던 노래가 방송 금지된 적이 있었다. 1983년에 일본은 다음해부터 새로 사용할 중등 교과서에 한국과 일본의 과거 역사를 심각하게 왜곡한 내용을 포함하였고 이것이 우리나라에 알려지면서 상당한 논란이 일어났다. 문제가 확산되자 일본은 1983년 6월 우리나라에 교과서 내용을 수정하겠다고 알려 왔지만, 수정된 내용 또한 문제였다.

이렇게 일본의 역사 교과서 문제가 불거지면서 '독도는 우리땅'은 당시 국민의 마음을 대변하는 노래로 상당한 인기를 끌게 되었다. 노래가 인기를 얻는 것과 더불어 반일 감정 또한 점점 확산되자 정부는 이를 막기 위해서 1983년 7월부터 '독도는 우리 땅'을 방송하지 못하도록 하였다. 이 무렵에 한일 각료 회담, 한일 의원 연맹 총회 등이 예정되어 있었기 때문에 일본과의 외교 관계를 의식해서 취한 조치였다.

이후 몇 개월 뒤에 이 노래를 부른 정광태 씨가 당시 문공부지금의 문화체육관광부 차관을 만나 방송 금지를 해제해 줄 것을 요청한 뒤 이 노래는 다시 방송을 타게 되었다. 이때부터 '독도는 우리 땅'은 일본이 역사 왜곡과 독도 문제를 일으킬 때마다 우리나라 국민의 마음을 대변해 주는 노래로써 역할을 해 왔다.

결국 '독도는 우리 땅'이 만들어진 이유도, 짧은 기간이었지만 금지된 이유도, 그리고 지금까지 우리나라 국민에게 사랑을 받게 된 이유도 모두 일본의 역사 교과서 왜곡과 독도 영유권 주장 때문이다. 그렇다면 독도 영유권 문제는 언제부터 시작되었을까?

독도 영유권 분쟁의 시작은 1952년으로 거슬러 올라간다. 당시 이승만 정부는 1월 18일 독도를 포함한 '인접 해양의 주권에 관한 대통령 선언일명 평화선'을 발표하였다. 그러자 일본 정부는 1월 28일 다케시마竹島, 즉 독도에 대한 영유권을 주장하는 외교문서를 한국 정부에 보내면서 갈등이 시작되었다.

그동안 한일 양국은 독도 영유권 분쟁에서 평행선을 달리듯 서로의 주장을 비판하며 해결의 실마리를 찾지 못한 채 오늘에 이르고 있다. 사실 우리 영토인 독도를 자기의 영토라 주장하는 일본과 타협해 서로가 만족하는 해결 방안을 마련하기란 거의 불가능하다.

독도 영유권 문제가 일어날 때마다 우리나라의 언론과 교육 현장에서는 일본을 강력히 비판하면서 독도에 대한 사랑으로 무궁한 애국심을 발휘한다. 그러나 정작 우리나라 국민에게 독도가 왜 우리의 땅인지를 물어 보면 제대로 답을 하는 사람을 찾기가 쉽지 않다. 또, 우리 역사 교과서가 독도에 대해서 10줄도 되지 않는 분량으로 간략하게 설명을 하고 있는 점도 문제다. 실제로 2008년 전국의 초등학교 교사 317명을 대상으로 한 설문조사 결과에 따르면 별도의 역사 과목이 개설되어 있지 않은 초등교육 과정에서 '독도와 관련한 내용이 충분히 담겨 있느냐'는 물음에 대해 95.3퍼센트가 '충분치 않다'고 답변했다.

따라서 우리는 일본의 독도 영유권 주장에 대한 비판과 함께 우리의 교육 현실도 되돌아볼 필요가 있다. 이번 장에서는 독도 영유권에 대한 한국과 일본의 주장과 논리를 자세히 살펴보려고 한다. 이로써 독도 영유권에 대해 청소년들이 명확한 지식과 역사의식을 갖추길 바라며, 앞으로 우리가 독도 문제에 어떻게 대응해 나아가야 할지에 대해서도 생각해 볼 수 있기를 바란다.

내 이름을 지켜 주세요

독도는 우리나라, 일본, 서양에서 부르는 이름이 모두 다르다. 예전부터 우리 땅이었던 독도가 외국에서 자신의 이름을 잃고 다른 이름으로 불리고 있다. 그렇다면 독도는 언제부터 '독도'라는 이름으로 불렸을까? 사실 독도는 '독도'라는 이름 이전에 여러 가지 이름이 있었다. 우리나라에서는 19세기부터 독도라는 이름을 써 왔고, 이전까지는 왕조별 또는 시기별로 독도를 부르는 이름이 바뀌어 왔다. 옛 문헌에서 쓰인 독도의 이름을 살펴보자.

우산도 (于山島,512년)	삼봉도 (三峰島,1476년)	가지도 (可支島,1794년)	석도 (石島,1900년)	독도 (獨島,1906년)

이처럼 우리나라는 독도를 우산도, 삼봉도, 가지도, 석도 등 다양한 이름으로 불렀다. 처음에는 우산도였다가 삼봉도와 가지도를 거쳐, 19세기 후반부터 석도 또는 독도라고 했다. 석도와 독도는 모두 '돌섬', '독섬'을 한문으로 표기한 것인데, 독섬은 울릉도 방언으로 바위섬을 의미한다. 이것을 의미대로 '석도石島'라고 쓰거나, 발음대로 한문으로 쓰면서 '독도獨島'라고 했던 것이다.

서양에서는 1849년 프랑스 포경선 리앙쿠르호가 독도를 목격하고서 자신들이 타고 온 배의 이름을 따서 '리앙쿠르 암'이라고 불렀다. 이것이 지금까지 서양인이 독도를 부르는 이름이 되었다.

한편 일본에서는 독도를 마츠시마송도로 을릉도를 다케시마죽도로 불렀다. 17세기 후반부터 일본인이 울릉도로 건너오는 것이 금지되면서 지명상의 혼란을 겪게 된다. 그러면서 울릉도와 독도의 이름이 바뀌면서 울릉도를 송도마츠시마라고 생각했고, 독도를 '앙코도'라고 불렀다. 당시 일본정부 문서를 보면 독도를 '앙코도'란 서양식 이름으로 표기했고 시마네 현은 독도를 '새섬新島'이라고 기록을 했다. 이 시기에 일본에서 독도를 부르는 이름이 불확실하다는 것은 독도를 자신의 영토라고 생각하지 않았음을 보여 주는 하나의 증거라고 할 수 있다. 그러다가 1905년부터 일본은 독도를 다케시마죽도, 竹島로 부르기 시작했다. 다케시마는 '대나무 섬'을 의미하는 말인데, 바위투성이 섬인 독도를 대나무 섬으로 부르는 것은 이치에 맞지 않다. 일본은 독도를 왜 그런 이름으로 불렀는지 아직까지 근거 자료를 제시하지 못하고 있다.

이렇게 지금까지 쓰인 독도의 이름만 살펴봐도 독도는 오래전부터 우리의 영토임을 확인할 수가 있다. 하지만 현재는 독도의 영유권 문제를 떠나서 이름조차도 제대로 지켜 주지 못하는 것이 아닌가 하는 생각에 안타까운 마음이 든다.

우리나라의 명칭	
512(《삼국사기》)	우산국(于山國)－울릉도 및 부속 도서 포함
930(고려 태조 13년)	우릉도(芋陵島)
1454(《세종실록》)	우산(于山)－울릉도는 무릉(武陵)
1476(《성종실록》)	삼봉도(三峰島)
1531(《신증동국여지승람》)	우산(于山)－울릉도는 울릉(鬱陵)
1696(《숙종실록》)	자산도(子山島)－안용복 송도는 조선의 자산도
1791(《신증동국여지승람》)	가지도(可支島)
1900(대한제국칙령)	석도(石島)
1906(심흥택보고)	독도(獨島)
1952(한국 정부)	독도(獨島)
일본의 명칭	
1661(일본 막부)	송도(松島) 도해 허가 발급. 독도를 송도(松島)
1904(일본 함선)	한국명 독도(獨島), 일본명 리양꼬
1904(일본 내각)	다케시마(竹島)
서양의 명칭	
1849(프랑스 포경선)	리앙쿠르(Liancourt)
1854(러시아 함선)	메넬라이(Menelai), 올리부챠(Olivoutza)
1855(영국 함선)	호네트(Hornet)
1946(연합국)	리앙쿠르(다케시마)

일본이 알기 전부터 우리 땅이었던 독도

우리나라와 일본 중에서 누가 오래전부터 독도를 알고 있었을까? 이것을 살펴봄으로써 독도의 영유권을 결정지을 수 있는 중요한 근거를 찾을 수 있다. 우리나라와 일본이 독도를 기록한 사료는 시기상으로 무려 1164년이나 차이가 난다. 우리나라에서 독도와 관련된 가장 오래된 기록은 《삼국사기》 '신라본기 지증왕 13년조'인 반면, 일본은 1676년에 편찬된 《은주시청합기隱州視聽合記》에 비로소 독도가 나타난다. 그 내용을 살펴보면 더욱 명확하게 독도가 오래전부터 우리의 영토였음을 확인할 수 있다. 먼저, 《삼국사기》 '신라본기 지증왕 13년조'의 기록을 살펴보자.

> 13년512 6월 여름, 우산국이 귀복歸復하여, 매년 토산물을 공물로 바치기로 하였다. 우산국은 명주의 정동쪽 바다에 있는 섬인데, 울릉도라고도 한다. 그 섬은 사방 1백리인데, 그들은 지세가 험한 것을 믿고 항복하지 않았다. 이찬 이사부가 하슬라주현재 강원도 강릉의 군주가 되었을 때, 우산 사람들이 우둔하고도 사나우므로, 위세로 다루기는 어려우며, 계략으로 항복시켜야 한다고 말했다. 그는 곧 나무로 허수아비 사자를 만들어 병선에 나누어 싣고, 우산국의 해안에 도착하였다. 그는 거짓말로 "너희들이 만약 항복하지 않는다면 이 맹수를 풀어 너희들을 밟아 죽이도록 해야겠다"고 말하였다. 우산국의 백성이 두려워하여 곧 항복하였다.

《삼국사기》의 기록에서 말하는 우산국은 현재의 울릉도를 중심으로 주변의 섬을 세력권 내에 두었던 작은 나라였다. 이들의 영역은 가시거리 내에 위치한 독도를 비롯한 울릉도 주변의 모든 섬을 포함한다.

하지만 일본은 《삼국사기》의 기록이 울릉도만 기록하고 있기 때문에 독도에 대한 기록으로는 인정할 수 없다고 주장한다. 그러나 울릉도와

人稱爲馬叔兩國人習見之以爲新羅常事
以爲怪於是起兵馬擊其不意以滅二國
異斯夫 或云苔宗 姓金氏奈勿王四世孫智度路
時爲沿邊官襲居道權謀以馬戲誤加耶 或云加
國取之至十三年壬辰爲阿瑟羅州軍主謀

于山國謂其國人愚悍難以威降可以計服
多造木偶獅子分載戰船抵其國海岸詐告
汝若不服則放此猛獸踏殺之其人恐懼則
真興王在位十一年大寶元年百濟拔高句
道薩城高句麗陷百濟金峴城王乘兩國
命異斯夫出兵擊之取二城增築留甲士戍
時高句麗遣兵來攻金峴城不克而還異斯
追擊之大勝
金仁問字仁壽太宗大王第二子也幼而就

《삼국사기》 신라본기 지증왕 13년조.

독도는 따로 분리할 수 있는 관계가 아니다. 울릉도에서는 맑은 날이면 독도를 쉽게 볼 수 있으며, 바다로 조금만 나가면 울릉도와 독도를 모두 볼 수 있다. 상식적으로 생각했을 때, 울릉도 주민의 주된 경제 활동은 고기잡이였을 것이다. 배를 타고 조금만 바다로 나가면 보이는 독도를 알지 못했다거나 가보지 않았다는 것은 말이 되지 않는다.

이러한 내용을 뒷받침해 주는 역사적 기록을 몇 가지 더 살펴보자.

> 우산, 무릉 두 섬은 (울진)현에서 바로 보이는 동쪽바다 가운데 있으며, 두 섬이 서로 거리가 멀지 않아 날씨가 맑으면 가히 바라볼 수 있다.
>
> —《세종실록》 권153, 지리지 '울진현' 조

'독도는 우리 땅'의 노랫말에 나오는 《세종실록지리지》의 내용이다. 위의 기록에 해당하는 '날씨가 맑으면 가히 바라볼 수 있는 섬'은 울릉도와 독도 외에는 없다.

또 조선 후기에 쓰인 《만기요람》 '군정 편'에서도 울릉도와 우산도는 모두 우산국의 땅이며 우산도는 왜인이 말하는 송도松島라고 하여 독도가 우산국의 영토였음을 말해 주고 있다.

이를 통해서 우리는 당시 사람들이 울릉도와 독도를 한 가지로 인식하고 있었음을 알 수 있다. 따라서 《삼국사기》 기록에서도 울릉도와 독도를 분리해서 언급할 필요가 없었을 것이다. 우리가 보통 제주도를 언급하면 제주도와 주변에 있는 섬우도, 마라도, 추자도 등까지 포함하는 것과 같은 이치다.

반면 일본에서 독도에 관한 가장 오래된 기록인 《은주시청합기》는

年乙酉改爲遣孝… 烽火三處 厚里山在郡南(南准慶尙道寧海大所山 北准表山) 表山(北准沙東山) 沙東山

蔚珍縣(蔚珍縣令 及仁山)

蔚珍縣知縣事一人 本高勾麗于珍也縣 新羅改今名爲郡 高麗稱蔚珍縣 本朝因…

(縣人諱傳古名于伊郡 又仙猖郞) 藥師津(在縣南) 骨長津(在縣北) 四境 東距海口八里 西距慶尙道安東…

內小川縣六十三里 南距平海三十七里 北距三陟三十二里 戶二百七十 口一千四…

八十三 軍丁 侍衛軍三十八 舡軍七十 守城軍四 土姓五 林張鄭房劉 續姓一 閔(來…)

吏 厥土肥塉相半 俗業海錯 崇習武藝 墾田一千三百五十一結(水田三分之一) 土宜五穀…

麻柿栗梨楮 土貢 蜂蜜黃蠟鐵胡桃石茸五倍子川椒藿漆鹿脯狐皮狸皮獐皮虎…

猪毛大口魚文魚水魚全鮑紅蛤 藥材 茯苓當歸前胡白芨五味子人蔘 土產 篠…

鹽盆六十一 磁器所一 在縣北十里薪谷里 陶器所一 在縣北十二里甘大里…

六七九

世宗 卷一百五十三 地理志·江原道 春川·狼川·楊口·麟蹄·杆城

下 皇山石城(周回六百十六步五尺 時以爲邑城 內有四泉一池 泉則雖大旱皆不渴 池則大旱或渴) 溫川 在縣北四十四里 興富…

驛 西仇水 亐勿山洞驛 三興 富(古名興府) 德神(古名德新) 守山(古名寺山) 烽火四處 全反仁山 在縣南…

(南准平海沙冬山 北准竹津山) 竹津山(北准竹邊串) 竹邊串(北准亘出道山) 亘出道山(北准三陟可谷山) 于山武陵二島 在…

縣正東海中(二島相去不遠 風日淸明 則可望見 新羅時稱于山國 一云鬱陵島 地方…

百里 恃險不服 智證王十二年 異斯夫爲何瑟羅州軍主 謂于山人愚悍…

難以威來 可以計服 乃多以木造猛獸 分載戰船 抵其國誑之曰 汝若不服 則卽放此…

獸 國人懼來降 高麗太祖十三年 其島人使白吉土豆獻方物 毅宗十三年 審察使金柔…

立等回來告 島中有泰山 從山頂向東行至海一萬餘步 向西行一萬三千餘步 向南…

行一萬五千餘步 向北行八千餘步 有村落基址七所 或有石佛像鐵鍾石塔 多…

生柴胡蒿本石南草 我 太祖時 聞流民逃入其島者甚多 再命三…

陟人金麟雨爲安撫使 刷出空其地 麟雨言 土地沃饒 竹大如柱 鼠大如猫 桃…

核大於升 凡物稱是)

春川都護府使一人 儒學教授官一人 本貊地 新羅善德王六年爲牛首州(卽唐太… 貞觀十…)

(年 一云文武王十三年 置首若州) 景德王改朔州(一云首次若 一云烏根乃) 高麗成宗十四年乙未 改春州團練使…

屬於安邊 州人以道途艱險 難於往來 至神宗六年癸亥 賂權臣崔忠獻 陞爲安陽…

都護府(南宋寧宗嘉泰三年) 後降爲知春州事 本朝因之 太宗十三年癸巳 改春川郡 十五年…

乙未 陞都護府 別號壽春(淳化所定 又號鳳山) 屬縣一 基麟 本高勾麗基知郡 高麗改其…

세종실록지리지 ‘울진현’ 조.

得到而還 同行一船泊鬱陵島 只取大竹大鰒魚 回啓云島中無居民矣(輿地志云 鬱陵 于山 皆于山國地 于山則倭所謂松島也) 光海七年 倭差船二隻 謂將探礒竹島形止 且曰島在慶尙江原之間 朝廷惡其猥越 不許接待 只令東萊府使朴慶業答書曰 足下非不知此島之橫占 乃欲攙越窺覘 是誠何心 恐非隣好之道 所謂礒竹島 實我國之鬱陵島也 介於慶尙江原海洋 載在輿地 焉可誣也 蓋自羅麗以來 取考方物 逮至我朝 屢刷逃民 今雖廢棄 豈可容他人冒居乎 前日復書(今以前日復書) 已(之前已有所往復者也)已悉梗槪 貴島宜瞿然改圖 而今乃直以解纜發船爲言 不幾於輕朝廷而昧道理乎 貴島於我國往來通行 惟有一路 譬若門戶 此外無論漂船 皆以賊船論斷 彌鎭沿海將官 惟知嚴守約束而已 不知其他 惟貴島審區土之有別 知界限之難侵 恪守信義 努力自勗 免致謬戾 尙克有終 肅宗十九年 馬島太守平義倍押還漂民二口 貽書禮曹曰 貴域漁氓行舟於本國竹島 極是不可到之地也 以故土官詳諭國禁 今者復不顧國禁 漁氓四十餘

《만기요람》 군정 편(軍政篇)4 해방(海防) 동해 기사.

1676년에 사이토 호센이라는 은주번번은 일본의 지역 행정단위의 관리가 편찬한 것이다. 그 내용을 보면 다음과 같다.

> 은주는 북해 가운데 있다. 그러므로 은기도오키 섬라고 말한다. ……술해 사이에 두 낮 한밤을 가면 송도松島가 있다. 또 한 낮거리에 죽도竹島가 있다. 이 두 개의 섬은 무인도인데, 이 두 개의 섬으로부터 고려를 보는 것이 마치 은주에서 은기를 보는 것과 같다. 그러므로 일본의 서북 경계는 여기오키 섬에서 끝난다.

위의 내용을 보면 일본의 오키 섬에서 배를 타고 가면 먼저 송도독도가 나오고, 한나절 거리에 죽도울릉도가 있다는 것이다. 그러면서 '일본의 서북 경계는 오키 섬에서 끝난다'라고 기록하고 있다. 이 기록이 일본의 독도에 관한 최초의 기록인데, 내용을 보면 일본이 송도독도와 죽도울릉도를 자신의 영토로 인식하고 있지 않음을 알 수 있다. 그런데 일본은 이 기록이 송도독도까지 일본의 영토로 인식한 것이라고 억지 주장을 하고 있다. 이 기록의 내용은 감정적인 부분을 떠나서, 객관적으로 생각해 보아도 도저히 그렇게 해석할 수 있는 부분이 아님에도 일본은 억지 주장을 하고 있는 것이다.

이후 일본에서 발견된 다른 책자는 모두 이 《은주시청합기》의 내용을 그대로 옮기거나 내용을 약간 추가한 것으로 다른 특별한 내용은 찾아볼 수가 없다. 참고로 현재까지 일본이 공개적으로 발표한 옛 문헌 중에서 독도를 일본의 영토로 표기한 것은 없다. 오히려, 독도를 울릉도의 부속섬, 조선의 영토로 기록한 경우가 많다.

이를 종합해서 볼 때, 한국과 일본이 독도를 인식한 시기는 1164년 이상 차이가 나면서도 당시 독도 영유권에 대한 인식 자체가 달랐음을 알 수 있다. 따라서 일본의 독도 영유권 주장은 역사적 근거가 전혀 없으며 얼마나 억지스러운 것인지를 알 수 있다.

11

독도를 지킨 사람들

‘우리나라의 위인’ 하면 누가 떠오를까? 아마도 대부분의 사람은 세종대왕이나 이순신 장군, 광개토대왕 등을 떠올릴 것이다. 그렇다면, ‘독도’ 하면 떠오르는 인물은 누구일까? 아마도 쉽게 답을 하기는 어려울 것이다. 독도에 대해서 관심이 있는 사람이라면 이사부나 안용복 정도를 떠올릴 것이다. 그렇지만 이들의 활동에 대해서 아는 사람은 많지가 않다. 우리나라의 역사를 살펴보면 시대마다 독도를 지켜낸 사람이 있다. 이 중에서도 가장 대표적인 인물이라고 할 수 있는 이사부, 안용복, 이규원, 홍순칠의 활동에 대해서 살펴보자.

신라 장군 이사부

이사부에 대한 기록은《삼국사기》에 실린 내용이 전부이다. 이사부는 내물왕의 4대 손으로 성은 김 씨이며, 태종苔宗이라고도 한다. 그는 505년지증왕 6년 실직주삼척의 군주가 되었다가, 512년지증왕 13에는 하슬라주강릉의 군주가 되어 우산국을 정복하였다. 우산국 사람은 사납고 거칠어서 힘으로 굴복시키는 것이 어려웠기 때문에 이사부는 한 가지 꾀를 생각해 냈다.

이사부는 나무로 허수아비 사자를 많이 만들어서 배에 싣고 우산국 해안에 이른 후, “너희가 만약 항복하지 않으면 이 사나운 사자를 풀어 모조리 밟혀 죽게 하리라”고 위협하였다. 그러자 우산국 사람은 이사부가 생각했던 대로 순순히 항복하고 매년 조공을 바치겠다고 하였다.

이후 이사부는 법흥왕이 즉위하면서 기록에 등장을 하지 않다가 541년진흥왕 2년에 당시 최고 관직이었던 병부령에 임명된다. 그리고 나서 신라의 영토 확장에 앞장섰다. 신라의 ‘단양적성비’에는, 적성 지역을 점령한 후 공을 세운 사람에게 포상을 하는 내용이 기록되어 있는데, 이 기록에서 가장 먼저 등장하는 인물이 이사부다. 그는 545년진흥왕 6년에 국사 편찬의 필요성을 왕에게 건의하여 거칠부로 하여금 《국사》를 편찬하도록 하였다. 또, 562년에는 신라가 대가야를 정복할 때에도 가장 앞장서서 공을 세웠다.

이처럼 이사부는 지증왕 때부터 진흥왕에 이르기까지 약 70여 년간 신라의 영토 확장에 큰 공을 세운 사람이다. 이사부의 활약으로 신라는 삼국 통일의 위업을 달성하게 된다. 또한 신라는 울릉도와 독도 등 동해안 일대를 장악하고 있던 우산국을 정복하였는데, 이때 독도는 울릉도의 부속 섬으로서 우리 역사에 분명하게 편입되어 우리의 영토로 존재해 왔다. 이러한 이사부의 활약상을 통해 그가 당대 최고의 명장이었음을 알 수가 있다.

일본까지 건너간 안용복

안용복의 출생에 대한 정확한 기록은 그 어떤 문헌에서도 찾아볼 수 없다. 단지 《숙종실록》을 통해 부산 동래 출신이라는 것만 알 수 있다. 당시 일본인은 임진왜란 이후 조선 왕조의 통치력이 약화된 틈을 타서 울릉도를 다케시마竹島 혹은 이소다케시마礒竹道로 부르고, 독도는 마츠시마松島라고 부르면서, 울릉도와 독도 일대에서 고기를 잡거나 벌목해 갔다.

조선에서는 1613년광해6년 대마도주에게 공문을 보내 일본인의 울릉도와 주변에 대한 출입을 금지하게 하였지만, 일본인의 침입은 계속되었다. 이러한 상황에서 조선과 일본의 어부는 종종 충돌하게 되었다.

결국 1693년숙종19년 안용복과 박어둔을 중심으로 동래와 울산의 어부 40여 명이 울릉도에서 일본 어부와 충돌하였고, 이들은 일본 오키 섬까

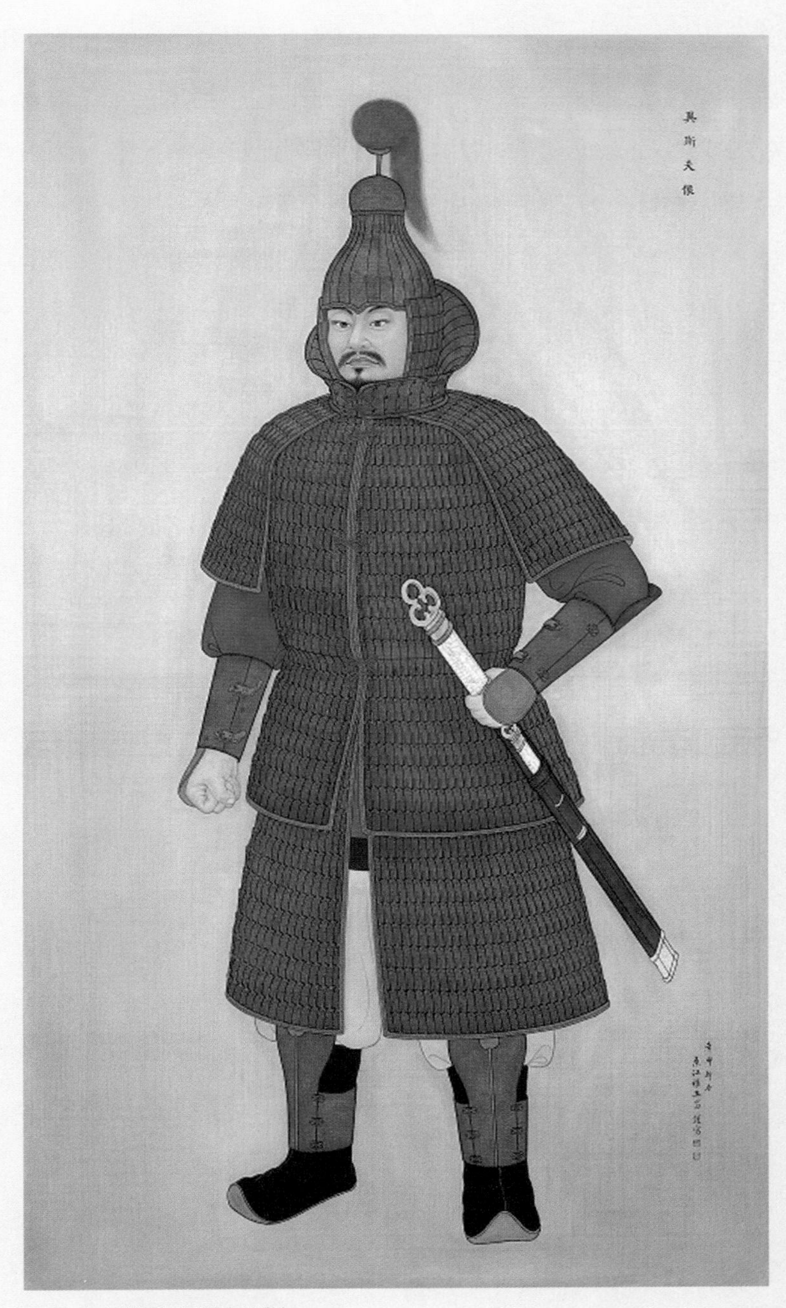

독도를 우리 역사에 편입시킨 이사부.

지 납치당하게 된다. 오키도주는 안용복 일행을 돗토리 성鳥取城의 호키슈伯耆州 태수에게 이송하였고, 안용복은 호키슈 태수 앞에서 울릉도가 조선의 영토임을 강조하며 일본인의 침입을 금지해 줄 것을 요구했다. 이에 호키슈 태수는 이를 에도막부에 보고하고 "울릉도는 일본의 영토가 아니다"라는 서계를 써 주어 안용복 일행을 나가사키와 대마도를 거쳐 조선으로 돌려보냈다. 그러나 안용복이 대마도에 이르자 대마도주는, 에도막부의 관백집정관이 안용복에게 써 준 서계를 빼앗고 조선의 동래부에 인계하였다.

이후 안용복은 숙종 22년1696 봄에 울릉도에 나갔다가 여전히 일본인이 어로 활동을 하고 있는 것을 보고 그들을 쫓아내고, 울릉도가 조선의 영토임을 항의하기 위하여 다시 일본 돗토리 번으로 건너갔다. 안용복은 울릉도와 독도가 조선의 땅임을 명확히 하고, 일본인의 계속되는 침입을 금지해 줄 것을 요구하였다. 이에 돗토리 번주는 "두 섬이 이미 당신네 나라에 속한 이상, 만일 다시 국경을 넘어 침범하는 자가 있으면 국서를 작성하고 역관을 정하여 무겁게 처벌할 것이다"라고 하여, 에도막부의 결정 사항을 전했다.

이처럼 안용복은 두 차례에 걸쳐서 울릉도와 독도가 조선의 영토임을 일본으로부터 확인받았다. 이를 근거로 이후 1877년 일본의 메이지 정부는 울릉도와 독도가 일본과는 관계가 없는 조선의 영토라는 것을 재확인했다. 조선에서는 울릉도와 독도 등지에 대한 순찰을 강화하여, 2년마다 한 번씩 정기적인 순찰을 하였다. 이후 상황에 따라서 달라지긴 했지만, 대한제국 시기 울릉군수가 파견될 때까지 최소한 5년 내에 1회씩의 순찰이 꾸준히 이루어졌다.

이와 같은 안용복의 활동은 여러 가지로 의미가 있다. 첫째는 조선과 일본 정부가 공식적으로 독도가 울릉도의 부속 도서이며, 울릉도와 독도 모

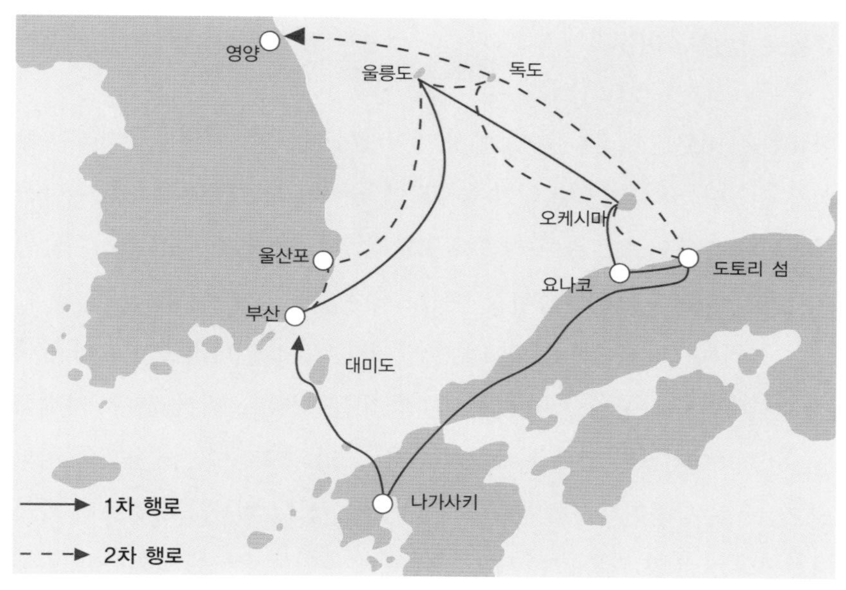

안용복의 1,2차 도일 행로.

두 조선의 영토임을 분명히 했다는 점이다. 두 번째는 안용복과 같은 백성이 울릉도와 독도를 우리의 영토로 인식하고 있었다는 점이다.

안용복의 활동에 대해서 일본은 울릉도에 국한된 것이라거나 또는 개인의 사적인 활동과 주장일 뿐이라고 애써 외면하지만, 안용복의 활동 이후 일본의 옛 문헌 어디에서도 울릉도와 독도를 일본의 영토라고 주장한 기록이 없다.

1696년 호끼 주伯耆州 태수가 작성한 '이소다께시마 각서'와 1785년 하야시林子平의 《삼국접양지도》, 1881년 기따자와北澤正誠가 작성한 《죽도고증》, 《죽도판도소속고》 등은 이러한 사실을 증명해 주는 일본 측 자료다. 따라서 울릉도와 독도 영유권에 대한 문제는 사실상 이 시기에 결론 났다고 볼 수 있다.

울릉도 감찰사 이규원

이규원은 1833년순조 33년 강원도에서 태어나서 19세 때 무과에 합격하여 관리가 되었다. 1881년 일본인이 울릉도에 들어와 무단으로 벌목을 한다는 사실이 울릉도의 수토관에 의해서 적발되었다. 이에 조선 정부는 이규원을 울릉도 검찰사로 임명하여 조사하도록 하였다.

이규원은 1882년고종19년 4월 30일에서 5월 11일까지 울릉도에 들어가 검찰하면서 울릉도의 지형과 토지의 비옥한 정도, 해산물까지 자세히 살펴《울릉도검찰일기》에 기록을 하였다. 그리고 조정에는 울릉도 개척의 필요성을 주장하면서, "울릉도에 왜인이 침입하여 벌목하고 있으며 마치 자기들의 땅인 양 표목標目을 세운 것에 대해서 일본 공사에 항의하고, 일본 외무성에도 항의 문서를 발송해야 한다"고 건의하였다.

이에 따라 조정은 일본에 항의 서한을 보내고 곧바로 울릉도 재개척 사업을 시작하였다. 1883년 4월, 54명이 이주한 것을 시작으로 울릉도의 주민은 점차 늘어 갔다. 그리고 1900년 10월에는 '대한제국 칙령 제41호'를 반포하여 울릉도를 독립된 군으로 승격하고 지방행정 장관인 군수로 하여금 울릉도와 독도를 관할토록 하였다.

독도 수비대장 홍순칠

현재 우리나라가 독도를 실효적으로 지배하는 데 가장 큰 공헌을 한 사람을 꼽으라면 홍순칠을 이야기하지 않을 수 없다.

홍순칠은 1929년 경상북도 울릉도에서 태어났다. 1883년 그의 할

독도 수비대가 써넣은 '한국령'.

홍순칠 수비대장(왼쪽)과 독도 수비대.

아버지 홍재현洪在現이 강원도 강릉에서 살다가 울릉도로 이주한 뒤 거기서 대대로 자리를 잡게 되었다. 홍순칠은 1949년에 육군에 입대하였다가 한국전쟁 때 원산 부근에서 심한 부상을 입어 오랜 병원 생활 후 제대를 하고 울릉도로 돌아왔다. 1952년 7월 말, 홍순칠은 울릉도 경찰서 마당에서 '시마네 현 오키 군 다케시마島根縣隱岐郡竹島'라고 쓴 표목이 놓여 있는 것을 발견하고, 독도를 지키기로 결심하였다. 이후 울릉도 경찰서장으로부터 지원받은 박격포, 중기관총, M1소총 등 빈약한 장비를 갖추고 전역한 군인을 모집하여 독도 의용 수비대를 결성하고 독도에 주둔하였다.

1953년 6월 28일부터 7월 1일까지 무단 상륙한 일본인을 쫓아내고, 일본 영토 표지를 철거했으며, 일본 순시선과 여러 차례 총격전을 벌였다. 일본이 전투기로 공격해 올 때는 울릉도에서 실어 온 큰 나무에 검은 칠을 해 '위장 대포'를 만들어 대응했다.

이들은 1956년 12월 25일, 경북 경찰청 울릉 경찰서에 독도 수비 임무와 장비 일체를 인계하고 각자 생업으로 돌아갈 때까지, 자금과 무기를 자체적으로 조달하면서, 약 3년 8개월 동안 독도를 지켜 냈다. 현재 독도 동도 바위에 새겨진 '한국령'이란 글씨는 1954년 5월 18일 홍순칠이 이끄는 독도 의용 수비대가 남긴 것이다.

독도 수비대.

1956년 12월 해산 당시 독도 의용 수비대의 조직과 명단

수비대장 홍순칠 **부대장** 황영문

제1 전대장 서기종 **제2 전대장** 정원도

교육대장 유원식 **교육대원** 오일환 고성달

보급 주임 김인갑 **보급 주임 보좌** 구용복 **보급선장** 정이권

기관장 안학율 **갑판장** 이필영 정현권

제1 전대원 김재두 최부업 조상달 김용근 하자진
김현수 이형우 김장호 양봉준

제2 전대원 김영복 김수봉 이상국 이규현 김경호 허신도 김영호

후방 지원대장 김병렬

대원 정재덕 한상룡 박영희

12

일본 속에서 발견하는 우리 땅, 독도

일본의 독도 영유권 주장

일본이 독도 영유권을 주장하는 논리는 두 가지다. 첫 번째는 독도가 자신들 '고유의 영토'라는 것이다. 그 증거로는 도쿠가와 막부德川幕府가 일본 어업가 오오다니와 무라가와 두 가문에게 발급한 1618년의 '죽도도해면허'와 1661년의 '송도도해면허'를 들고 있다. 일본이 도해 면허를 발급함으로써 이때부터 독도를 실효적으로 지배했다고 주장하는 것이다.

하지만 에도막부가 울릉도와 독도 외의 다른 섬에 대해서 도해 면허를 발급해 준 사례는 아직까지 발견되지 않고 있다. 일본은 멀리 떨어진 자국의 섬에 갈 때에도 도해 면허를 발급했다고 주장하고 있지만, 사실 '도해 면허'라는 것은 자국민이 외국에 건너갈 때에 허가해 주는 면허장으로 이것은 울죽도울릉도와 송도독도가 일본의 영토가 아니었음을 말해 주는 근거다.

또 '고유 영토'의 의미는 과거에 외국의 영토가 되었던 적이 한 번도 없었던 지역을 의미하는 것이다. 그런데 일본은 1905년 시마네 현 고시를 통해서 독도를 자국의 영토로 편입시키는 모순적인 행동을 보였다. 만일 독도가 일본 고유의 영토라면 굳이 일본 영토 안에 편입시킨다는 고시를 발표할 필요는 없었을 것이다.

두 번째로 일본이 독도 영유권을 주장하는 논리는 '무주지 선점'이다. 즉, 1905년 당시 독도는 무인도였으며, 주인이 없는 섬으로 '무주지 선점'의 원칙에 따라 일본이 내각회의를 통해 독도를 일본의 영토로 편입하는 결정을 내렸고, 시마네 현은 독도 영토 편입을 고시하였다는 것이다.

하지만 이것은 앞에서 살펴본 일본의 고유 영토설과는 서로 모순되는 주장이다. 일본의 고유 영토였던 독도를 이번에는 주인이 없는 섬이어서 자국의 영토로 편입했다고 주장하는 것이다. 또 1905년까지 독도가 주인이 없는 섬으로 생각했다는 일본의 주장은 스스로가 1905년까지는 독도를 일본의 영토라고 생각한 적이 없다는 것을 증명하는 말이 된다.

이러한 비판을 받자 최근에 일본은 고유 영토설과 편입설을 섞어 새로운 논리를 주장하고 있다. 1905년 내각의 결정과 시마네 현 고시로 독도를 일본 영토로 편입한 조처는 독도가 일본의 고유 영토로 사실상 존재하던 것을 실정 국제법이 요청하는 정식 권리로 대체하기 위한 법률 행위였다는 것이다.

하지만 여기에도 문제가 있다. 우선은 한 나라의 영토를 편입하는 조치를 중앙정부가 아닌 지방의 고시로 한다는 것은 상식적으로 이해하기가 어렵다. 일본이 1905년 각의 결정으로 독도를 일본 영토로 편입하고 시마네 현 고시로 오키 섬 관할로 결정했다는 발표만 있을 뿐, 정부의 공식 발표는 없었기 때문이다.

또, 국제법상 주인이 없는 땅을 영토로 편입하는 요건은 주변의 모든 국가에 조회한 후, 주인이 없음이 확인되어야 영토 편입 조치를 하고, 정부 차원에서 전 세계에 고시를 해야 한다. 하지만 1905년 일본 정부는 독도 영토 편입에 관한 공식적인 무주지 조회도 하지 않았고, 정부 차원의 공식적인 고시도 하지 않았다.

무엇보다 중요한 점은 대한제국이 일본보다 5년 먼저 근대적인 행정 조치를 하였다는 점이다. 1900년 대한제국은 '칙령 41호'를 통해서 "울릉도를 울도로 개칭하고 도감을 군수로 한 건"을 반포하고 〈관보〉에 게재한 후, 울릉도에 대한 통제를 강화하고자 하였다. 또, 칙령 제41호 제2조에는 울도군의 구역이 울릉전도와 죽도竹島, 석도石島, 즉 독도까지 관할하는 것으로 명시하여 독도에 대한 관할권을 근대법상의 행정 조치로 확인하였다.

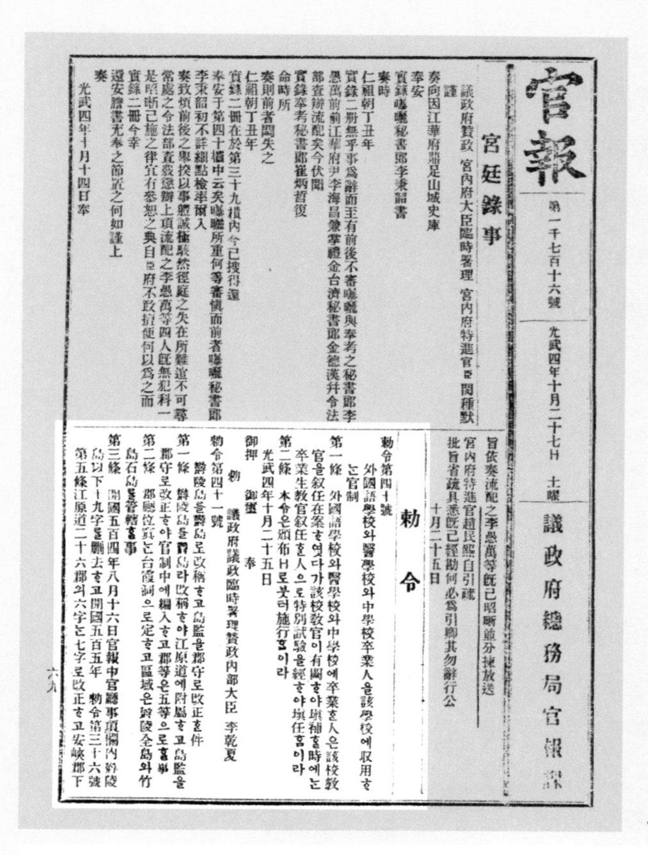
官報

第一千七百十六號

光武四年十月二十七日 土曜

議政府總務局官報課

旨依奏流配之李愚萬等旣已照斷並分揀放送

宮內府特進官趙民熙自引疏

批旨省疏具悉旣已經勘何必爲引嫌其勿辭行公

十月二十五日

宮廷錄事

議政府贊政 宮內府大臣臨時署理 宮內府特進官臣閔種默

謹

奏向因江華府鼎足山城史庫

奉安

實錄曝曬秘書郞李秉韶書

奏時

仁祖朝丁丑年

實錄二冊無乎事爲辭而至有前後不審曝曬與奉考之秘書郞李愚萬前前江華府尹李海昌豫攀禮金台濟秘書郞金德漢幷令法部查辦流配矣今伏聞

實錄奉考秘書郞崔炳哲復

命時所

奏則前者闕失之

仁祖朝丁丑年

實錄二冊在於第三十九櫃內今已搜得還

奉安于第四十櫃中云矣曝曬所重何等審愼而前者曝曬秘書郞李秉韶初不詳細點檢率爾入

奏致煩前後之擧措以事體誠極駭然從庭之失在所難逭不可尋常處之令法部査覈懲辦上項流配之李愚萬等四人旣無犯科一是照斷已施之律宜有參恕之典自臣府不敢擅便何以爲之而

實錄二冊今幸

還安謄書尤奉之節置之何如謹上

奏

光武四年十月十四日奉

勅令

勅令第四十號

外國語學校와醫學校와中學校卒業人을該學校에收用ᄒᆞᄂᆞᆫ官制

第一條 外國語學校와醫學校와中學校에卒業ᄒᆞᆫ人은該校教官을叙任在案ᄒᆞ엿다가該校教官이有闕ᄒᆞ야塡補ᄒᆞᆯ時에ᄂᆞᆫ卒業生教官叙任ᄒᆞᆫ人으로特別試驗을經ᄒᆞ야塡任ᄒᆞᆷ이라

第二條 本令은頒布日로붓터施行ᄒᆞᆷ이라

光武四年十月二十五日

御押 御璽 奉

勅 議政府議政臨時署理贊政內部大臣 李乾夏

勅令第四十一號

鬱陵島를鬱島로改稱ᄒᆞ고島監을郡守로改正ᄒᆞᆫ件

第一條 鬱陵島를鬱島라改稱ᄒᆞ야江原道에附屬ᄒᆞ고島監을郡守로改正ᄒᆞ야官制中에編入ᄒᆞ고郡等은五等으로ᄒᆞᆯ事

第二條 郡廳位置ᄂᆞᆫ台霞洞으로定ᄒᆞ고區域은鬱陵全島와竹島石島를管轄ᄒᆞᆯ事

第三條 開國五百四年八月十六日官報中官廳事項欄內鬱陵島以下十九字를刪去ᄒᆞ고開國五百五年 勅令第三十六號第五條江原道二十六郡의六字ᄂᆞᆫ七字로改正ᄒᆞ고安峽郡下

六九

〈관보〉 제1716호(1900.10.27) 칙령 제41호.

칙령 제41호

울릉도를 울도(鬱島)로 개칭하고 도감을 군수로 개정한 건.

제1조, 울릉도를 울도라 개칭하야 강원도에 부속하고 도감을 군수로 개정하야 관제중에 편입하고 군등은 오등으로 할 사.

제2조, 군청 위치는 태하동으로 정하고 구역은 울릉전도와 죽도 석도를 관할할 사.

제3조, 개국 오백사년 팔월 십육일 관보 중 관청사항난내 울릉도 이하 십구자를 사거하고 개국 오백오년 칙령 삼십육호 제오 조 강원도 이십육 군의 육자는 칠자로 개정하고 안협 군하에 울도군 삼자를 첨입할 사.

제4조, 경비는 오등군으로 마련하되 현금간인즉 이약이 미비하고 서사(庶事) 초장하기로 해도수세(海島收稅) 중으로 우선 마련할 사.

제5조, 미잔한 제조는 본도 개척을 수(隨)하야 차제 마련할 사.

광무 4년 10월 25일

어압 어새 봉

이처럼 근대에 들어서 독도를 먼저 자국 영토라고 선포한 것은 일본이 아니라 대한제국이었다. 따라서 일본의 '고유 영토설', '무주지 선점'의 논리는 그 자체로 문제가 있지만 그것을 차치하고서라도 대한제국은 이미 일본보다 5년 앞선 1900년에 근대적인 행정 조처를 함으로써 역사적으로나 근대적인 행정 조처로나 독도의 영유권이 우리나라에 있음을 확실히 했다.

일본 지도에 나타난 우리 땅 독도

이번에는 독도가 우리 땅임을 증명해 주는 일본의 지도를 살펴보자. 1696년 일본 에도막부 시기의 지도에는 대부분 울릉도와 독도가 나타나지 않았으며, 간혹 있더라도 울릉도와 독도를 함께 그려서 독도를 울릉도의 부속 섬으로 나타냈다. 이후 메이지 시대1868~1912에 들어와서 국가 차원에서 지도를 제작했지만, 울릉도와 독도는 지도에서 빠져 있었다.

일본의 지도 중에서 독도를 우리의 영토로 표시한 것은 《조선지리국도》1592, 《대일본분견신》1878 등 지금까지 총 10여 점이 발견되었다. 이 중에서 가장 대표적인 지도 몇 가지만 살펴보자.

《총회도總繪圖》

18세기에 제작된 《총회도》에는 조선, 일본, 중국의 영토를 색으로 구분하였다. 조선은 황색, 일본은 적색으로 나타냈는데, 울릉도와 독도는 모두 황색으로 칠해져 있다. 또 그 위에다 다시 '조선의 것'이라는 표시를 해서 울릉도와 독도가 조선의 영토임을 나타냈다.

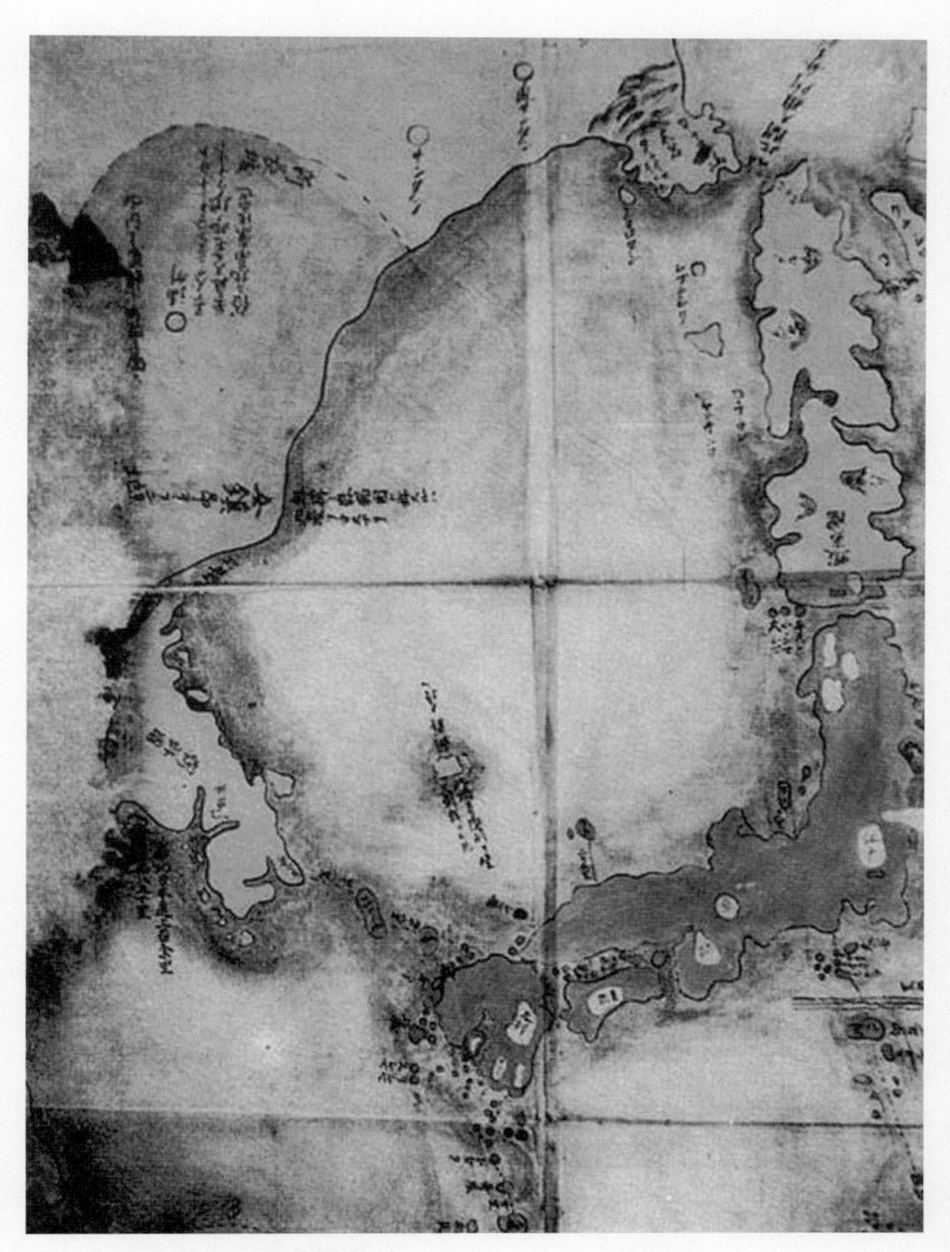

독도가 조선 땅임을 밝힌 일본 지도 〈총회도(總繪圖)〉.

《개정일본여지노정전도》

민간에서 만든 대표적인 일본 지도라고 할 수 있는 《개정일본여지노정전도》는 1779년 나가쿠보 세키스이가 작성했다. 이 지도는 경위도선까지 그린 정교함이 특징인데, 일본 외무성은 이 지도가 일본이 옛날부터 울릉도와 독도를 인지하고 있던 증거라고 주장한다.

하지만 지도를 자세히 살펴보면 울릉도와 독도는 일본열도가 그려진 경위도선 바깥에 한반도의 남부 지역과 같은 무색으로 그려져 있다. 이것은 곧 당시 일본 사람이 울릉도와 독도를 조선의 영토로 인식하고 있었음을 말해 주는 증거가 된다.

그런데 2008년부터 일본 외무성 홈페이지에서는 이 지도를 근거로 자신의 독도 영유권을 주장하고 있다. 하지만, 외무성 홈페이지에 올려놓은 《개정일본여지노정전도》는 1779년에 나가쿠보 세키스이가 작성한 원본이 아니라 1846년에 원본을 모방하여 작성한 것이다. 이것은 원본 지도에 울릉도와 독도 부분에 경위도선이 없다는 사실을 숨기기 위해서 모방한 지도를 홈페이지에 올려놓고는 영유권 주장을 하고 있는 것이다. 두 지도를 비교해서 보면 원본에는 울릉도와 독도 부근에 경위도선이 없었던 것이 모방본에는 그려져 있다는 것을 쉽게 알 수 있다.

《삼국접양지도》

1785년 제작된 《삼국접양지도》는 일본의 지리학자 하야시 시헤이가 그린 것이다. 이 지도 역시 조선은 황색, 일본은 녹색 등 나라별로 색을 다르게 칠해서 구분하였다. 울릉도와 독도는 황색으로 칠해져 있고, 옆에 '조선의 것'이라는 기록이 있어서 조선의 영토임을 증명해 주고 있다.

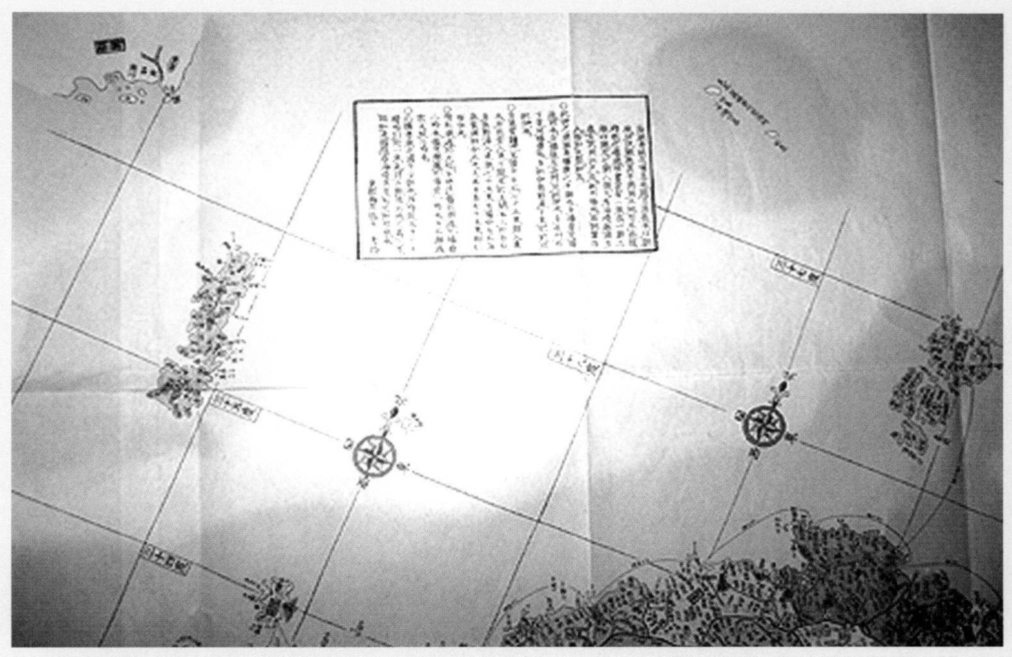

1779년에 발행한 《개정일본여지노정전도》.
일본이 독도 영유권 주장을 할 때 가장 확실하고 오래된 근거로 들고 있는 《개정일본여지노정전도(日本輿地路程全圖)》. 왼쪽 위에 부산, 오른쪽 위에 울릉도와 독도가 표시돼 있다.

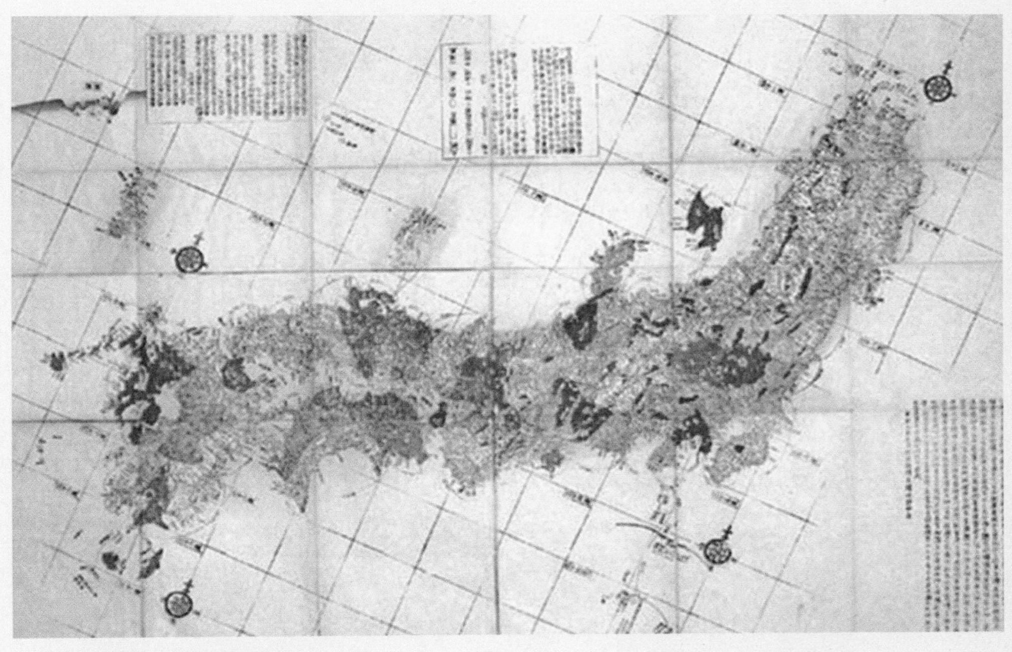

1846년에 발행한 《개정일본여지노정전도》.

앞의 지도 외에도 독도를 우리나라의 영토로 그린 일본 지도는 무수히 많다. 심지어 독도를 자신들의 영토로 편입했다고 주장하는 시마네현 고시가 발표된 1905년 이후 제작된 지도에서도 독도를 조선의 영토로 표기한 지도가 있는데, 그 목록은 다음과 같다.

1905년 7월 31일자 부산 주재 일본 영사관의 〈울릉도 현황〉 보고서
1910년 박애관에서 발간한 《조선 전도》
일본 해군성 수로부에서 발간한 《일본 수로지》 제6권
1920년 일본 해군성 수로부에서 발간한 《일본 수로지》 제10권 (상)
1923년과 1933년에 일본 해군성 수로부에서 발간한 《조선 연안 수로지》
1933년에 발간된 시바구즈모리의 《신편 일본사 지도》 색인
1935년에 발간된 샤꾸오고나이의 《조선과 만주 안내》
1936년에 일본육군참모 본부 육지 측량부에서 발간한 《지도 구역 일람도》

— 김병렬, 《독도 논쟁》, 다다미디어, 2001.

일본 문헌 자료에 나타난 우리 땅 독도

독도가 우리 땅이라는 여러 가지 자료를 제시하고 우리 땅이라고 아무리 설명을 해도 일본은 전혀 수긍할 기미를 보이지 않는다. 오히려 자신의 주장을 굽히지 않고 독도의 영유권을 주장하고 있다. 이러한 일본의 주장에 힘을 빼는 가장 효과적인 방법은 일본 측 문헌 자료를 통해서 독도가 우리 땅임을 증명하는 것이다. 독도가 일본의 영토라고 나와 있는 우리나라의 문헌 자료는 전혀 없는 반면에, 독도가 우리 땅임을 증명하는 일본의 문헌 자료는 많이 있다. 이 중에서도 가장 대표적인 일본 정부의 공식 문서 두 가지를 살펴보자.

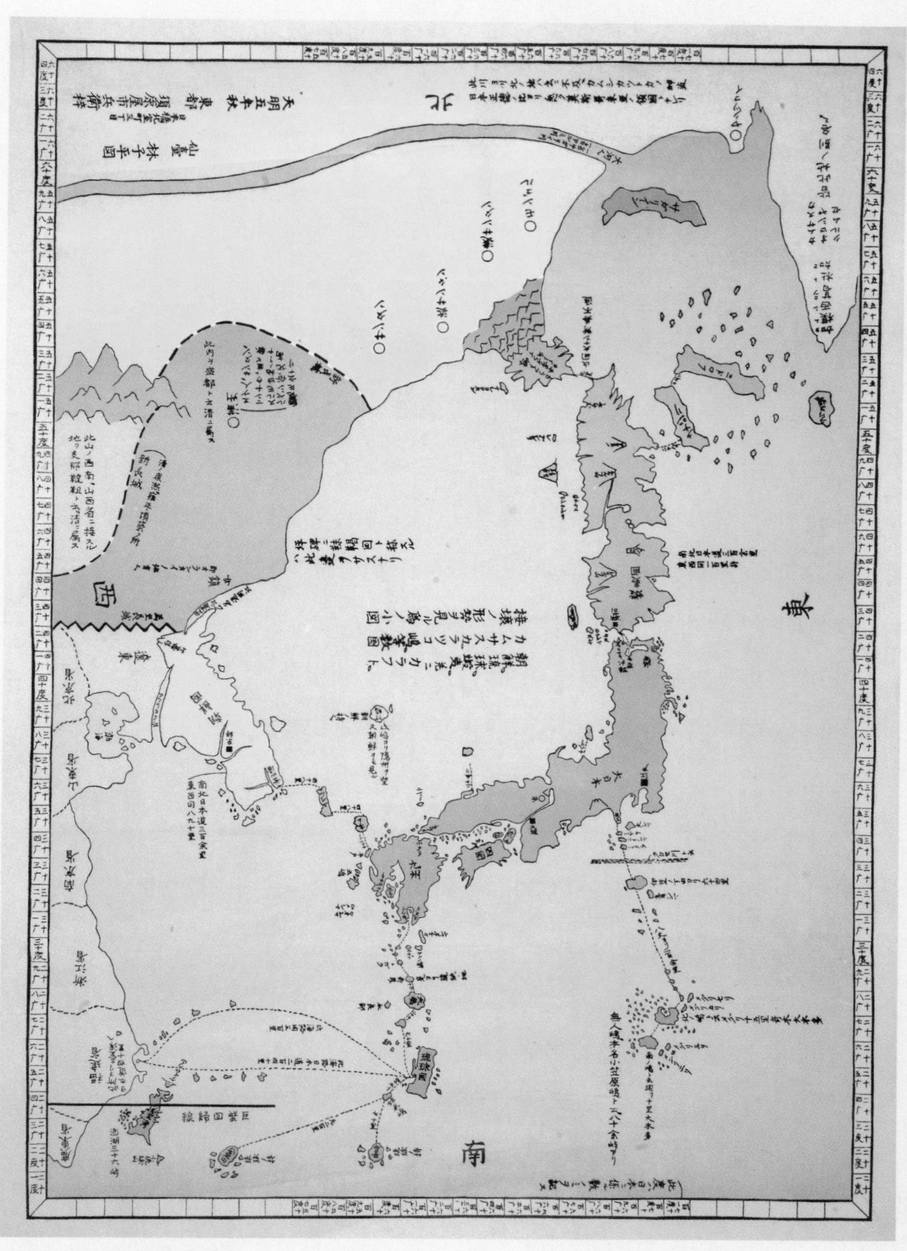

1758년에 제작된 《삼국접양지도》.

첫 번째, 1696년 1월 독도를 조선의 영토로 인정하고 일본인의 독도 출어를 금지하는 명령을 내렸음을 조선에 알려온 문서다. 숙종 19년1693년 울릉도에서 어로 활동을 하던 안용복은 일본 어부와 충돌한 뒤 오키 섬까지 납치당하여 돗토리 성 태수에게 끌려갔다. 그 자리에서 안용복은 울릉도와 독도가 조선 영토임을 주장하여 일본 에도막부로부터 일본인의 울릉도 및 독도 출어 금지 명령을 받아 냈다.

두 번째, 1877년 일본 최고의 행정기관인 태정관에서 내린 지령문을 통해서 독도가 우리의 영토임을 확인할 수 있다. 1876년 일본 내무성이 일본의 국토를 조사하고 지도를 만드는 사업을 진행하면서, 시마네 현의 지리 담당 책임자로부터 동해에 있는 죽도울릉도와 송도독도를 시마네 현의 지도에 포함시킬 것인가를 묻는 질의서를 받는다. 이에 일본 내무성은 약 5개월 동안 관계 문서를 조사해 본 후에 죽도울릉도와 송도독도는 조선의 영토이며, 일본과는 관계가 없는 곳이라는 결론을 내렸다.

이후 영유권에 대한 중대 사안은 국가 최고 행정기관인 태정관太政官의 최종 결정을 받아야 한다고 판단하여 1877년 질문서와 부속 문서를 태정관에 보고하였다. 이때 일본 내무성은 조선 숙종 때 관계된 문서를 첨부하면서 "죽도와 그 밖의 1도"의 1도가 바로 '송도독도'를 가리키는 것임을 설명하는 문서를 첨부하였다.

다음에 일도가 있는데 송도松島라고 부른다. 둘레는 30정보 정도이며, 죽도竹島, 울릉도–인용자와 동일선로에 있다. 은기로부터의 거리가 80리 정도다. 나무나 대는 드물다. 바다 짐승이 난다.

일본의 국가 최고 행정기관인 태정관에서는 이 내용을 검토하고 울

先太守因竹島事遣使於
貴國者兩度使事未了不幸早世由是召還使人不日上船
入
覲之時
問及竹島地狀方向據實具對因以其去
本邦太遠而去
貴國却近恐兩地人雜雜必有潜通私市等弊隨即下
令永不許人往漁採大率隙生於細微禍患興於下賤古今
通病懲毖勿預是以百年之好愈敦一島之微遂
寢不較豈非
兩邦之美事乎茲念
南宮愿恕聽於書使本州代傳
盛謝兩譯使假回棹之日口伸毋遺

독도 출어 금지 일본 측 전달서.

右大臣岩倉具視殿
伺之趣竹島外一島之儀本邦關係無之儀ト
可相心得事
明治十年三月廿九日

十六
日本海内竹島外一島地籍編纂方伺
竹島所轄之儀ニ付島根縣ヨリ別紙伺出取調
候處該島之儀ハ元禄五年朝鮮人入島以来別紙
書類ニ摘採スル如ク元禄九年正月第一号旧政府
評議之旨意ニ依リ二号譯官ヘ達書三号該國
来柬四号本邦回答及ヒ口上書等之如ク則元禄
十二年ニ至リ夫々往復相濟本邦關係無之相聞
候得共版圖ノ取捨ハ重大之事件ニ付別紙書類
相添為念此段相伺候也
明治十年三月十七日
内務卿大久保利通代理
内務少輔前島密

1877년 〈태정관 지령〉.

릉도죽도와 그 밖의 1섬 독도송도는 내무성의 판단과 같이 역시 일본과는 관계가 없는 곳이며 조선 영토라고 판정하는 최종 결정을 내렸다. 일본의 국가 최고 행정기관인 태정관이 최종 결정한 이 지령문은 1877년 3월 29일 정식으로 내무성에 내려 보냈고, 일본 내무성은 이 지령문을 1877년 4월 9일자로 시마네 현에 내려 보내 이 문제를 종결지었다.

여기서 중요한 점은 태정관의 지령이 갖는 의미다. 당시 일본에서 태정관은 최고 행정기관으로서, 태정관이 내린 명령은 각 지방에서 절대적으로 따라야 하는 권위를 가진다. 태정관은 1885년까지 존재했는데, 그 뒤 1889년 '대일본 제국 헌법'이 제정되면서 '제국 의회'가 만들어진다. 1889년 제정된 '대일본 제국 헌법일명 메이지 헌법'에는 위헌이 아닌 한 태정관이 발한 법령 등은 유효하다는 내용이 다음과 같이 들어가 있다.

> '대일본 제국 헌법' 제76조 제1항
> 법률, 규칙, 명령 또는 어떤 명칭을 사용했건 간에 본 헌법과 모순되지 않는 현행 법령(태정관 법령)은 모두 따라야 한다.

그리고 현재 '일본국 헌법'에는 태정관에 대한 직접적인 언급은 없지만 '대일본 제국 헌법일명 메이지 헌법'에 명령 사항으로 된 것은 헌법에 위배되지 않는 한 '일본국 헌법'에도 명령의 효력이 있다고 규정되어 있다. 결국 태정관에서 내린 명령은 현재의 '일본국 헌법'에도 헌법에 위배되지 않는 한 명령으로서 효력을 가지고 있다고 볼 수 있다. 이러한 사실을 잘 알고 있는 일본 정부는 '태정관 지령문'에 대해서 "조사 · 분석 중이어서 현 시점에서는 답변할 수 없다"는 입장을 취하고 있으며, 대중에게 알려지지 않도록 하기 위해서 자유 열람을 금지하고 있다. 지난 1980년대 초에 일본에서 존재가 알려진 '태정관 지령문'을 현재까지도 조사 중이라며 답변을 회피하는 것을 보면, 일본 정부가 얼마나 난처한 입장인지를 쉽게 알 수가 있다. 이러한 내용은 '독도의 영유권'이 조선에 있었음을 공식적으로 확인해 주는 문서로 당시 일본 내무성도 울릉도와 독도를 조선의 영토로 인식하고 있었음을 말해 주는 것이다.

이처럼 일본의 많은 문헌 자료와 지도를 통해서도 일본이 독도를 우리 땅으로 인정해 왔음을 알 수 있다. 그럼에도 불구하고 일본은 자신에게 유리하게 해석될 수 있는 자료만을 내세우거나, 심지어는 자료 왜곡까지 서슴지 않고 있으니 정말로 어처구니가 없는 일이다.

13

침략과 억지 주장은 일본의 역사

러일전쟁 직후에 임자 없는 섬이라고

1904년 2월 8일 일본은 뤼순 항에 있던 러시아 군함 2척을 기습, 선제공격함으로써 러일전쟁을 일으켰다. 같은 날 일본은 조선의 중립 선언을 무시하고 인천, 남양, 군산, 원산에 상륙했다. 이후 2월 23일에는 군대를 동원하여 황실과 정부를 협박하고 한일의정서를 강제로 체결했다.

> 한일의정서 제4조
> 제3국의 침해 또는 내란으로 인하여 대한제국 황실의 안녕 또는 영토 보전에 위험이 있을 경우 일본 정부는 신속히 필요한 조치를 취하며, 대한제국 정부는 일본 정부의 행동을 용이하게 하기 위하여 충분한 편의를 제공한다. 일본 정부는 전항의 목적을 달성하기 위해서 군략상 필요한 지점을 수시로 수용할 수 있다.

울릉도와 독도는 러일전쟁에서 꼭 필요한 전략적 요충지였다. 따라서 일본은 울릉도와 독도를 강제수용 대상에 포함했다. 한편, 9월 29일 일본 어부 나카이 요사부로가 독도에서 강치지금은 멸종된 것으로 알려진 바다사자의 일종잡이를 위해 일본 정부를 통해서 한국에 '독도 임대 청원서'를 제출하려고 했으나, 당시 일본 해군성 수로국장 기모쓰케 가네유키와 외부성 정무국장 야마자 엔지로, 농사무성 수산국장 마키 보쿠신이 '독도 영토 편입 청원서'를 제출하도록 만들었다.

당시 고기잡이를 생업으로 하는 어부가 '독도 임대 청원서'를 대한제국에 제출하려 했다는 것은 그가 독도를 우리나라의 영토로 인식하고 있었다고 볼 수 있다. 만일 독도를 일본의 영토로 인식하고 있었다면, 고기잡이를 생업으로 하는 어부가 자국의 영토를 제대로 몰랐다는 것인데 이는 상식적으로 이해할 수 없는 일이다. 오히려 일본 정부가 러일전쟁이 진행되는 상황에서 독도를 전략적 기지로 이용하기 위해서 영토로 편입한 것이라고 보는 것이 더 타당할 것이다. 나카이 요사부로가 1904년 9월에 청원서를 제출했는데, 이것을 러시아와 해전을 앞둔 1905년 2월에 가서 서둘러 고시한 것도 이러한 주장을 뒷받침해 준다.

1905년 1월 1일, 일본군은 뤼순 항을 함락하였다. 1월 10일 내무대신 요시키와 아키시마는 총리대신 가쓰라 다로에게 '무인도 소속에 관한 건'이라는 비밀 공문을 보내 독도 편입을 위한 내각회의를 요청하였고, 1월 28일 일본 내각은 독도를 편입하는 각의 결정을 내렸다. 이어서 2월 22일 '시마네 현島根縣 고시 제40호'를 통해 독도를 '다케시마'로 개칭한 후에 불법으로 시마네 현으로 편입시켰다. 결국 일본은 1905년 8월 19일 독도에 망루와 전선을 가설하고 러일전쟁에서 승리할 수 있었다.

그러면 일본이 독도에 영유권을 주장하는 가장 중요한 근거로 제시하는 시마네 현 고시는 어떠한 내용인지 한번 살펴보자.

> 북위 37도 9분 30초 동경 131도 55분. 오키 섬과 거리는 서북 85리에 달하는 도서를 죽도竹島, 다케시마라 칭하고, 지금부터 본현 소속 오키도사隱崎島司의 소관으로 정한다.

사실 이 고시는 일본 언론은 물론 관리조차 모르는 상태에서 공포되었다. 심지어 관보조차도 오랫동안 이 사실을 모른 채 다케시마 이전의 지명인 리앙쿠르를 그대로 사용하였다. 이는 시마네 현 고시 이후에도 대다수 일본인은 독도가 자신들의 영토라는 인식이 없었음을 입증하는 것이다.

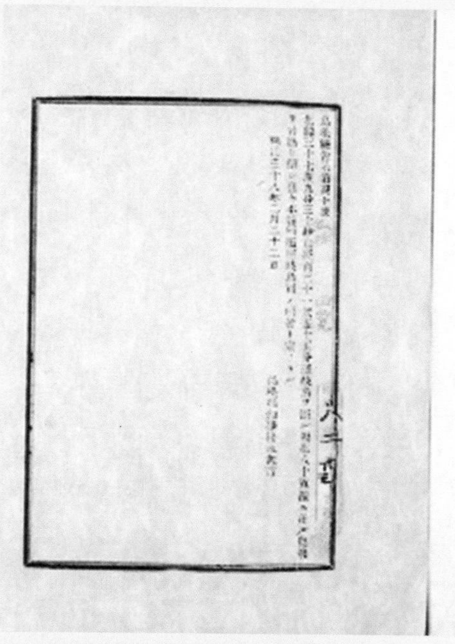

일본의 독도 영유권 주장의 가장 큰 근거인 시마네 현 고시.

또 시마네 현 고시의 원본은 유일하게 시마네 현청에만 한 장 보관되어 있는데, 이 문건은 1905년 2월 22일 당시 시마네 현에서 발간됐던 '시마네 현령'이나 '시마네 현 훈령' 어디에도 수록돼 있지 않다. 오히려 이 문건에는 회람이라는 주인朱印이 선명하게 찍혀 있는데, 이것은 시마네 현 고시가 공식적인 문서가 아닌 관계자 몇몇이 돌려본 '회람回覽'에 불과하였다는 것을 말해 준다.

일본의 독도 불법 편입 사실은 1906년 음력 3월에 가서야 대한제국에 알려졌다. 울릉도 군수 심흥택은 1906년 3월 29일, 강원도 관찰사 이명래에게 "본국 소속 독도가 일본에 영토 편입되었다는 말을 들었다"고 보고를 하면서 어떻게 된 일이냐고 물었다. 보고를 받은 관찰사 이명래는 다시 내부內部에 보고를 하는데, 내부대신은 "독도를 일본 속지라고 말한 것은 전혀 이치에 맞지 않으며, 아연실색할 일"이라고 경악했으며, 을사오적 중에 하나였던 참정대신 박제순조차도 1906년 4월 29일자 지령 제3호에 "독도가 일본의 영지라는 일본인의 설은 전혀 근거 없는 것"이라고 단호히 부정하고, "독도의 형편과 일본인이 어떠한 행동을 하고 있는지 다시 조사하여 보고하라"고 지시하였다.

그러나 이후의 강원도 관찰사 이명래나 울릉도 군수 심흥택의 보고서는 찾아볼 수가 없다. 외교권이 박탈된 특수한 상황이라서 재조사를 했는지 알 수가 없고, 이들이 보고서를 작성해서 제출하였더라도 문서로 보존되기는 어려웠을 것이다. 이 사건을 통해서 우리가 알 수 있는 것은 시마네 현 고시가 발표된 이후에도 대한제국의 관리는 이를 알지 못했다는 사실과, 1905년 외교권이 박탈된 이후에도 대한제국의 관리는 독도가 우리의 영토라고 인식하고 있었다는 사실이다.

일본은 독도의 영토 편입은 1905년에 완성된 것이며, 1910년에 소위 합방된 한국 영토와는 관계없는 별개의 지역이라고 주장한다. 그러나 위의 과정을 살펴봤을 때, 이것은 일본의 불법적인 독도 편입 조치가 있었던 1905년을 중심으로 일본의 한반도 침탈 과정에서 일어난 사건으로 파악해야 한다.

일본이 아무리 자기네 땅이라 우겨도

> 명명백백한 자국의 영토도 주장하지 않는 자에게는 돌아오지 않는다. 우리의 영토가 확실한 독도를 일본이 제 나라 땅이라고 주장하고 있는가 하면, 우리가 주장하며 찾아내야 할 간도 땅도 있다.
>
> — 이한기, 《한국의 영토》 중에서

1945년 일본 패망 후, 연합국 최고 사령부는 1946년 1월 29일 '약간의 주변 지역을 정치상, 행정상 일본으로부터 분리하는 데 대한 각서'를 일본 정부에 지령한다. 이는 포츠담선언에서 확인한 내용을 집행하기 위하여 '일본의 주권 행사 범위'인 영토를 확정한 것이다. 여기에는 일본이 점령하고 있던 모든 한국 영토를 한국에 반환토록 한 규정이 포함되어 있다.

〈연합국 최고 사령부 각서SCAPIN〉 제677호에는 명시적으로 규정되어 있지 않은 백령도나 거제도 등의 모든 섬도 한국으로 환원하고, 독도는 아예 명시적으로 규정하여 반환토록 하였다.

> …… and excluding (a) Utsuryo(Ullung) Islands, Liancourt Rocks(Takesima Island) and Quelpart(Saishu or Cheju) Island

(제3항에서 일본 영토에서 제외되는 섬들의 (a)그룹으로서 울릉도, 독도, 제주도를 들었음.)

— 〈연합국 최고 사령부 각서(SCAPIN)〉 제677호(1946)

이로써 독도를 포함한 모든 한국 영토는 일본으로부터 완전히 분리되었다. 독도가 한국으로 반환된 이후에도 일본인이 계속 마찰을 일으키자, 연합국 최고사령부는 1946년 6월 22일자로 지령 제1003호를 추가로 발령하여, 일본인의 어업 및 포경업의 허가 구역을 설정하여 일본인 선박과 승무원은 독도와 독도의 12해리 이내 수역에 접근하지 못한다고 지령하였는데, 이것은 독도가 한국 영토이므로 일본의 어부와 선박이 접근하지 못하도록 한 조치로 볼 수가 있다.

이어서 연합국은 일본과 샌프란시스코강화조약을 체결하여 일본을 다시 독립시켜 주기로 합의하고 샌프란시스코강화조약 체결 준비로 1950년 '연합국의 구 일본 영토 처리에 관한 합의서'를 작성하였다. 이 합의서에도 '독도'를 '대한민국 영토'로 처리하기로 합의하였다.

하지만 이후 냉전 체제가 확고해지는 국제 상황은 샌프란시스코강화조약의 성격이 바뀌도록 만들었다. 특히, 1949년 중국의 공산화와 1950년 한국전쟁의 발발은 미국으로 하여금 일본에 우호적인 조약을 체결하도록 만들었다. 그 결과 미국과 관련된 영토 조항에 대해서는 구체적인 내용이 명시되었지만, 그 외의 영토 조항에 대해서는 일본에 매우 우호적이고 관대하게 처리되었다.

그러다 보니 샌프란시스코강화조약의 내용이 만들어지는 과정에서 미국의 제5차 초안까지는 독도가 한국의 영토에 포함되어 있다가 제6차 초안에서는 일본의 영토로 포함되기도 하였다. 이것은 1951년 샌프란

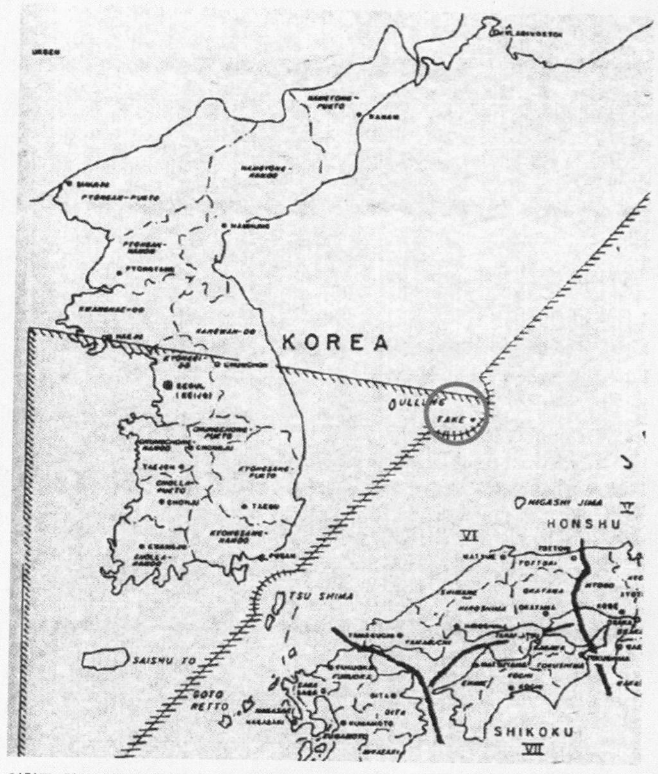

연합국 최고사령부 각서(SCAPIN) 제677호의 부속지도로 작성해서 한국과 일본의 영토를 구획한 지도.

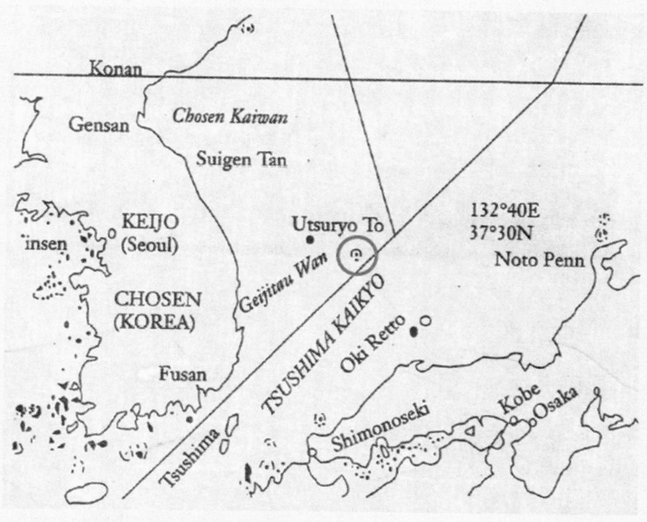

연합국의 구 일본 영토 처리에 관한 합의서의 부속 지도.

시스코강화조약에서 미국의 초안이 작성될 당시 아내가 일본인이었던 주일 미 정치 고문, 윌리엄 시볼드William Sebald가 군부가 만든 조약의 초안을 보고 독도가 한국령이 아니라 일본령이라고 간섭을 한 데서 비롯된 결과였다. 하지만 미국의 제6차 초안을 본 연합국의 오스트레일리아와 영국이 이의를 제기하였고, 오스트레일리아와 뉴질랜드, 영국 등은 미국의 수정 제안과 설명에 동의하지 않았다.

이후 7차 초안한국의 영토, 8~9차 초안일본의 영토, 10~11차 초안한국의 영토을 거치면서 독도 영유권 문제가 계속 논의되었지만 결정을 내리지 못했다. 다시 미국과 영국을 중심으로 수차례 토의를 거쳤고, 결국 최종 합의문에는 독도가 아예 빠지게 되었다.

> ……including the islands of Quelpart, Port Hamilton and Dagelet.
> (※ 독도에 관한 언급이 제외되어 있음)
>
> —샌프란시스코강화조약(1952)+

샌프란시스코강화조약(대일 평화조약, 대일 강화조약)은 1951년 9월 8일, 미국 샌프란시스코 전쟁 기념 공연 예술 센터에서 맺어진 일본과 연합국 사이의 평화조약이다. 1951년 미국을 비롯한 제2차 세계대전 전승국이 일본과 맺은 것으로 일본과 전후 처리 방안에 합의하고 이를 통해 평화적 관계를 유지하기 위해 체결한 조약이다. 이 조약은 미국과 영국이 주도하였으며, 초청을 받지 못한 중국과 타이완, 참가는 했지만 서명을 하지 않은 소련, 폴란드, 체코슬로바키아 등을 제외한 최종 49개국이 서명하여 1952년 4월 28일에 발효되었다.

이러한 맥락에서 보자면, 샌프란시스코강화조약에서 독도가 빠진 것은 일본의 로비와 그에 따른 미국의 우호적인 정책의 결과로 볼 수 있다. 이에 대해서 일본은 '최종적인 것이라고 할 수 있는 샌프란시스코강화조약에서는 독도가 빠졌기 때문에 독도는 일본령에 포함하는 것이다'라고 주장한다. 그러나 조항에 명시적으로 독도가 들어 있지 않기 때문에 일본의 영토라

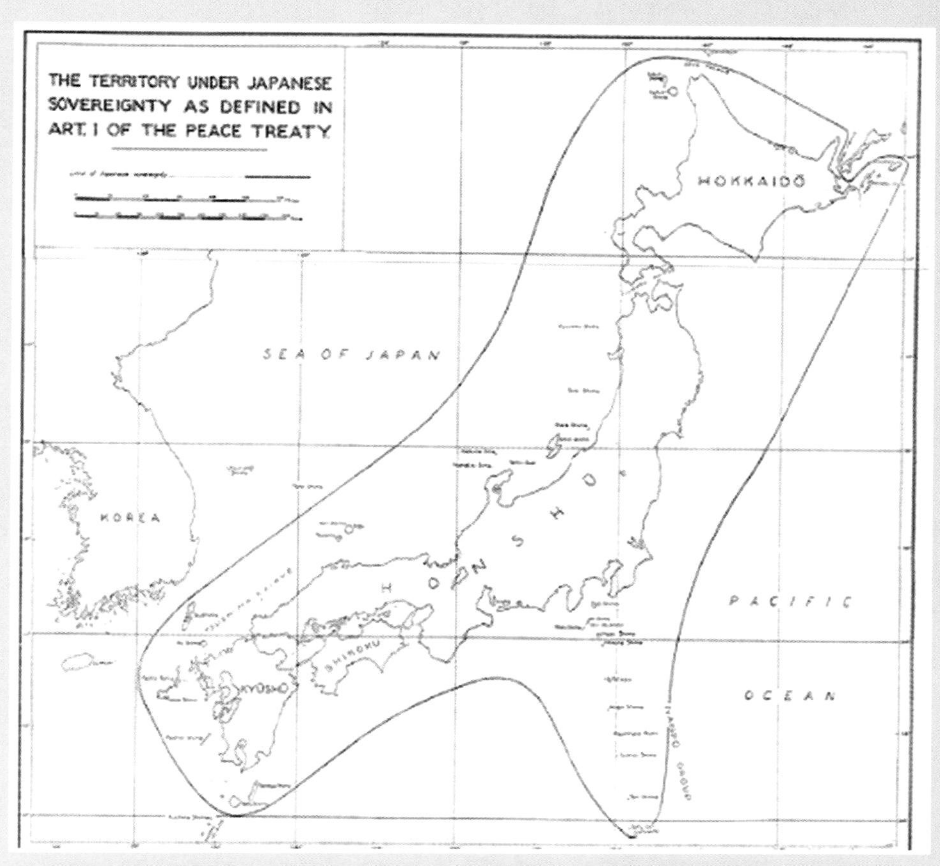

샌프란시스코강화조약 초안의 부속 지도. 1951년 영국 외무성 제작. 이 지도는 1951년 9월 8일에 조인한 샌프란시스코조약 준비 과정에서 영국 정부가 독자적으로 준비해 미국 정부에 통보한 조약 초안에 포함되어 있던 것이다. 선으로 표시한 일본 영토의 경계에서 독도를 확연히 배제하고 있어, 제2차 세계대전의 승전국인 연합국에서도 독도를 우리의 영토로 인정하였음을 알 수 있는 지도다.

는 논리대로라면, 강화도나 마라도처럼 조약에 포함되지 않은 모든 섬까지 일본의 영토로 봐야 할 것이다.

이보다 독도가 제외된 더 큰 이유는 샌프란시스코강화조약이 미국과 영국이 주도하여 최종 49개의 나라가 합의하여 서명한 것이라는 데 있다. 여러 나라가 합의하여 이루어진 조약이기 때문에 논란의 소지가 없는 일반적인 원칙만 담으면서 매우 간단한 조약문으로 내용이 축소되었다. 이 과정에서 영토에 관한 규정이 대부분 삭제되었고, 독도의 이름도 빠졌다.

여기서 한 가지 살펴보고 가야 할 것이 있다. 당시 한국은 샌프란시스코강화조약에 참여할 수 있는 나라가 아니어서 이러한 정보를 얻을 수가 없었고, 한국전쟁이 벌어지던 상황이었기 때문에 상대적으로 관심이 소홀할 수밖에 없었다. 뒤늦게 독도 영유권이 문제되고 있는 것을 알게 된 한국 정부는 당시 주미 한국 대사인 양유찬을 통해 한국의 독도 영유권을 초안에 명시해 달라고 미 국무성에 요청하였다. 그 뒤 1951년 8월 10일 당시 주미 한국 대사인 양유찬은 샌프란시스코강화조약에 관한 미국 정부의 최종 입장을 밝힌 딘 러스크D. Dean Rusk 미 국무부 극동 담당 차관보의 통보문을 받는다. 사실상 오늘날의 독도 문제는 이 문서에서 출발했다고도 볼 수 있다.

> ……독도, 다른 이름으로는 다케시마 혹은 리앙쿠르 암으로 불리는 그 섬에 대한 우리 정보에 따르면, 통상 사람이 거주하지 않는 이 바윗덩어리는 한국의 일부로 취급된 적이 없으며, 1905년 이래 일본 시마네 현 오키도사가 관할했다. 한국은 이전에 이 섬에 대해 (권리를) 주장한 적이 없다.

일본은 일명 '러스크 서한'이라고 불리는 이 문서를 크게 선전하면서 독도가 일본의 영토로 남은 것이라고 주장한다. 그러나 일본 정부가 가장 믿고 있는 이 문서는 결정적인 한계점을 갖고 있다. 이 문서는 오로지 한국 정부에만 송부된 것으로 패전국 일본은 물론, 다른 연합국에도 전혀 알려지지 않은 비밀문서였다. 또 한국은 이 문서를 수용하겠다고 입장을 밝힌 바가 없다. 그렇기 때문에 이 문서는 미 국무성이 다른 연합국과의 합의 없이 한국에만 보내 서한으로서 공식적인 문서도 아니며 국제적인 효력도 전혀 없다는 것이다.

그럼에도 일본이 지금까지 독도 문제를 지속적으로 제기하면서 포기하지 않는 가장 큰 이유는 샌프란시스코강화조약에서 이처럼 미국이 일본에 우호적인 입장이었기 때문이다. 지금도 일본은 미국이 자신의 편을 들어줄 것이라고 생각하고 있는 것이다.

이후 한국 정부는 1952년 1월 18일 국무원 고시 제14호로 '대한민국 인접 해양의 주권에 대한 대통령 선언평화선'을 선포하게 된다. 일본은 이에 대해 이승만 정부가 일방적으로 평화선을 선포하였을 뿐만 아니라, 그 안에 독도를 포함시켰다는 이유를 들어 한국 정부에 항의를 하였다.

일본은 1954년 9월 국제사법재판소ICJ에 제소를 하자고 제의하였으나, 대한민국은 이 제안을 거부하였다. 일본은 대한민국의 독도 영유권 근거가 약하기 때문이라고 주장하지만, 이것은 일본이 독도 문제를 국제사법재판소에 제소함으로써 독도 영유권에 관하여 대한민국과 동등한 위치에 서려고 하는 것이기 때문이다. 대한민국으로서는 독도를 실효적으로 지배하고 있기 때문에 일본의 제안에 따라 국제사법재판소에 재소할 이유가 전혀 없다.

연합국은 샌프란시스코강화조약에서 일본이 다른 나라의 영토를 약탈한 기준 시점을 1894년 1월 1일로 채택하였다. 이에 따라 일본은 1894~95년에 빼앗은 대만과 팽호도를 중국에 반환하였고, 독도를 빼앗은 지 10개월 후인 1905년 11월에 빼앗은 요동 반도를 중국에, 사할린을 러시아에 돌려주었다. 따라서, 1905년 러일전쟁을 수행하는 과정에서 일본이 강탈한 독도는 당연히 한국의 영토가 되어야 한다.

현재 일본과 영토분쟁을 벌이고 있는 나라는 우리나라를 포함해서 러시아북방 4개 섬, 중국다오위다오(센카쿠)이 있다. 이 세 나라의 공통점은 샌프란시스코강화조약에 초청받지 못했거나, 서명을 거부한 나라다. 다시 말하면 일본의 침략을 받아 많은 피해와 고통을 받았던 피해 당사국이 모두 제외된 상황에서 미국을 중심으로 하는 연합국과 일본이 맺은 평화조약의 결과로 현재의 영토 문제를 비롯한 역사적 갈등이 나타난 것이다.

이러한 상황에서 일본이 제국주의 시절 강탈한 독도를 아직도 자신의 영토라 주장하는 것은 제2차 세계대전 전범국으로서 아직도 과거의 역사를 반성하지 않고 세계 질서와 정의에 역행하는 행위로 비판을 받아 마땅하다.

우리나라는 지금까지 독도를 실효적으로 지배해 오면서 일본이 독도 망언을 되풀이할 때마다 '조용한 외교'를 표방하며 적극적인 대응을 해 오지 않았다. 외교적 충돌로 인해서 자칫 독도가 분쟁 지역으로 인식되는 것을 꺼렸기 때문이다. 그러나 일본이 막무가내식으로 비논리적인 영유권 주장을 되풀이하면서 어느덧 독도는 제3국에서 볼 때 분쟁 지역으로 인식되고 있고, 일본의

일본은 '한국이 불법으로 점거하고 있는 일본의 고유 영토'인 '다케시마(독도)'라는 논리를 해외에 홍보해 왔고, 일본 외무성 홈페이지에도 '다케시마(독도) 문제'라는 페이지를 만들어 일본어 · 영어 · 한국어 등으로 계속 홍보하고 있다. 이에 대응해서 우리나라 외교통상부 홈페이지에서도 독도에 대한 우리나라의 기본 입장으로 10개 국어로 알리고 있지만, 일본의 활동보다는 시기적으로나 활동량에서나 뒤처진 면이 있다.

왜곡된 논리가 일정 부분 수용되고 있다는 느낌이 든다.+

이제 더 이상 우리나라도 '조용한 외교'만을 표방할 것이 아니라, 독도를 실효적으로 지배하면서 독도가 우리땅임을 증명하는 문헌 자료를 계속해서 조사하고 발굴해야 하며, 우리나라의 자료뿐만 아니라 일본의 자료, 나아가서 제2차 세계대전 이후 독도 영유권에 대한 미국이나 영국 등 서양 국가의 자료까지 찾아내어 우리의 주장을 굳건히 할 필요가 있다. 실제로 최근에 발견되고 있는 서양의 자료는 독도가 우리나라의 영토임을 입증해 주는 것이 대부분이다.+

2008년, 김채형 부경대 교수는 미국 국무부의 한 공문서를 발견했는데, 1950년대 초, 미국 정부는 '독도와 관련해 미국이 취한 일련의 조치가 독도 영유권이 일본에 있는 것처럼 해석되어서는 안 된다' 는 견해를 갖고 있다는 사실을 알 수 있다고 밝혔다. 김채형 교수는 '일본 학자들이 외교문서를 충분히 검토하지 않고 일본에 유리한 문서만 자의적으로 해석해, 미국이 독도를 일본의 영토로 인정했다고 주장하는 것이 잘못이다'라고 말했다.

— 〈동아일보〉 2008년 8월 2일자

이와 더불어 대외적으로 명백한 우리나라의 영토인 독도를 홍보하는 데 적극적으로 나서야 할 것이다. 현재 활발한 사이버 외교 활동을 벌이고 있는 '반크'라든지 가수 김장훈의 활동이 모범적인 사례다. 독도가 우리나라의 영토임을 주장하는 것이 아니라, 우리나라의 영토인 독도를 홍보하는 데 적극적으로 나선다면 이와 같은 논란을 종식시키는 데 보다 큰 효과를 볼 수 있을 것이다.

아울러 교육 현장에서는 독도에 대한 교육을 넘어서 우리의 역사 교육을 보다 강화할 수 있는 방안을 마련해야 할 것이다. '선택과 집중'이라는 명분으로 주요 과목의 수업 시간을 집중적으로 늘리고, 역사 · 지리 · 사회 교과목을 소홀히 하는 교육과정이 과연 올바른 것인지 생각해 봐야 할 것이다. 독도에 대한 교육은 한두 시간의 계기 수업으로 끝낼 것이 아니라, 지속적으로 우리나라의 역사와 지리 · 문화 등에 관심을 갖도록 함으로

써 자연스럽게 올바른 내용을 체득할 수 있도록 해야 한다. 그래서 전 국민적으로 독도를 넘어서 우리나라의 역사, 지리, 문화 등에 대한 관심을 불러일으킬 수 있는 교육 현장의 제반 여건을 강화해 나가야 할 것이다.

독도가 우리 땅임을 말해 주는 옛 자료

512년 우산국, 신라에 복속

신라 지증왕 13년 아슬라주(阿瑟羅州) : 현재의 강릉 군주 이사부가 우산국을 정벌하여 울릉도와 독도가 신라에 복속됨.

1417년 주민 쇄환(刷還)정책 실시

고려 말에서 조선 초까지 왜구가 노략질을 자행하자 섬 주민을 보호하기 위해 1417년(태종17년) 조정은 무릉도(武陵), 울릉도에 주민의 거주를 금하고 거주민을 육지로 나오게 하는 쇄출(刷出) 정책을 실시함.

1697년 수토(搜討)제 실시

1696년 일본 도쿠가와(德川)막부가 울릉도와 독도를 조선 영토임을 확인하고 일본 어부의 월경(越境) 고기잡이를 금지한 직후, 1697년숙종 23년 조선 조정은 울릉도에 대한 쇄출정책은 그대로 지속하되, 2년 간격3년째마다 1회으로 동해안의 변방 무장(武將)으로 하여금 울릉도와 독도를 관리하기 위해 순시선단을 편성하여 규칙적으로 순찰하는 수토(搜討) 제도를 실시함.

1882년 재 개척령 반포

개항 후 일본인의 울릉도 무단 입도와 불법 벌목이 극심해지자 1882년 고종은 이규원을 울릉도 검찰사(檢察使)로 파견하여 현지 검찰을 한 후 울릉도 재개척을 결정하고 도장(島長)을 임명하여 울릉도를 관장함.

1895년 수토(搜討)제 폐지, 도감(島監)제 실시

1882년 이후 정부에서 울릉도 재개척에 힘쓴 결과 민호(民戶)와 농지가 늘어나는 등 상당한 성과를 거두게 되어 종래 실시하여 오던 수토제를 1895년 폐지하고 도감제(島監制)를 실시하여 울릉도 도무(島務)를 관장함.

1900년 대한제국 칙령 제41호 공포 : 울릉도(독도) 행정구역 편제

대한제국 정부는 1900년 10월 25일 칙령 제41호를 반포(〈관보〉 제1716호)하여 울릉도(鬱陵島)를 울도(鬱島)로 개칭하고 도감(島監)을 군수(郡守)로 바꿈.
울도군수(鬱島郡守)의 관할구역을 울릉전도(鬱陵全島)와 댓섬(竹島), 독도(石島)로 규정함.

1953년 독도 경비

1953년 4월부터 울릉도 거주민을 중심으로 간헐적인 독도 경비를 실시.
1954년 4월 의용수비대 확대(33명) 개편.

1956년 경찰, 독도 경비 임무 인수

1956년 12월 독도 의용 수비대의 경비임무를 국립경찰(울릉경찰서)이 인수하여 오늘에 이르고 있음.

5장

ast Sea

영토 분쟁과 국제법, 그리고 독도

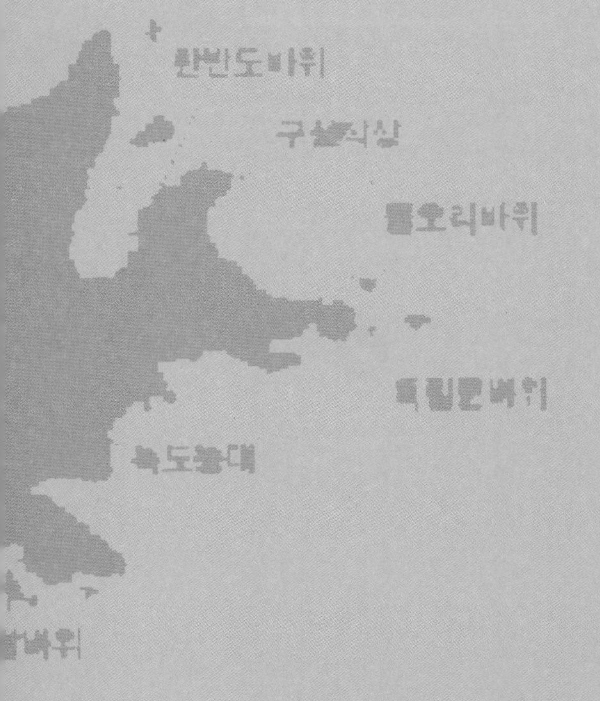

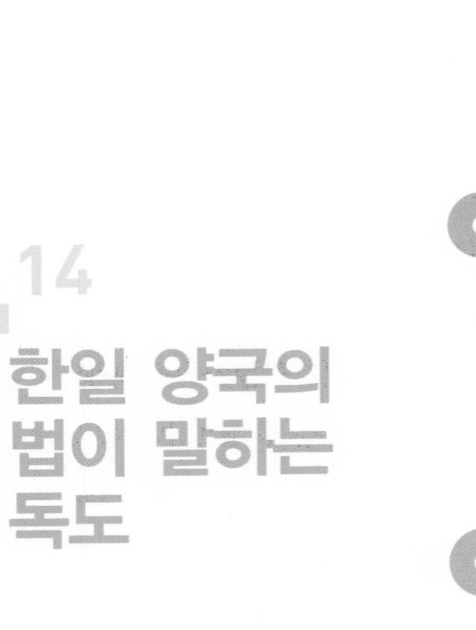

14

한일 양국의 법이 말하는 독도

‘다케시마의 날’, 그들만의 기념일

2009년 2월, 한일 양국 누리꾼 사이에는 사이버 전쟁이 벌어지고 있었다. 일본 시마네 현의 ‘다케시마竹島, 일본의 독도 명칭의 날’ 제정을 두고 벌어진 전쟁이었다. 한국의 한 인터넷 포털사이트에서 일본 ‘다케시마의 날’ 제정에 대한 찬반 투표가 벌어졌다. 처음 투표를 시작했을 때는 다케시마의 날에 반대하는 비율이 90퍼센트를 기록하며 찬성을 압도적으로 넘어서고 있었다. 그런데 어느 순간 갑자기 찬성 비율이 74퍼센트까지 올라가기 시작했다. 분명 ‘독도는 우리 땅’이라고 열렬히 부르짖는 우리나라에서 투표를 했는데, 게다가 반대 서명 형식의 투표였기에 더욱 이상한 일이었다. 불과 몇 시간 만에 전세가 역전된 것도 이상했다.

알고 보니 투표 소식을 듣고 몰려 온 일본 누리꾼의 대대적인 참여가 역전의 원인이었다. 누군가가 일본 사이트에 이 투표 소식을 전했기 때문이다. 역전 소식을 듣고 한국 누리꾼이 다시 엄청나게 참여함으로써 양국 누리꾼 사이의 사이버 전쟁이 본격화되었다. 결국 다케시마의 날 제정 투표는 반대 52퍼센트와 찬성 48퍼센트의 팽팽한 수치로 끝났다.

이 사이버 전쟁에 불을 붙인 것은 일본 시마네 현에서 제정한 ‘다케시마독도의 날’이었다. ‘다케시마의 날’은 시마네 현 의원들이 ‘조례’로 제정한, 다케시마 기념일이다. 조례라는 것은 지방자치단체에서 제정하는 법으로, 지방의회의 동의로 제정된다. ‘다케시마의 날’ 조례는, 투표에 참석한 36명의 시마네 현 의원 중 무려 33명이 찬성하여 결정되었다. 이 조례의 1, 2조는 다음과 같다.

현민 · 시정촌 및 현이 하나가 되어 ‘다케시마’의 영토권 조기 확립을 지향하는 운동을 추진하고, '다케시마' 문제에 대한 국민 여론의 계발을 도모하기 위해 '다케시마의 날'을 지정한다1조. '다케시마의 날'은 2월 22일로 한다2조.

왜 하필이면 2월 22일일까? 2월 22일은 100년 전인 1905년, 일본 시마네 현이 독도를 자기네 땅으로 편입했던 날이다. 당시 '나가이 요사부로'라는 인물을 중심으로 일본 어민은 독도 근처 바다에서 '강치'를 잡기 위해 일본 정부에 민원서류를 내밀었다. 독도 근처 바다에서 강치 어업을 독점할 수 있도록 허가해 달라는 내용이었다.

이 서류 접수를 계기로 1905년 1월 28일, 일본 내각은 독도를 일본 영토로 포함할 것을 결의했다. 뒤이어 독도에서 가까운 시마네 현이 다음과 같은 고시를 내놓았다. 이것이 바로 '시마네 현 고시 제40호'다.

북위 37도 9분 30초 동경 131도 55분. 오키시마에서 서북 85리 떨어진 도서를 다케시마라 부르고 이제부터 시마네 현 오키도사의 소관으로 정한다.

독도는 이때부터 '시마네 현 고시 제40호'로 일본 땅으로, 소위 '편입' 되었다. 대나무 한 그루 자라지 않는 섬이지만 '다케시마竹島'라는 이름도 갖게 되었다. 이어 1905년 4월 14일에 시마네 현은 독도 주변 바다의 강치잡이 허가제를 실시했는데, 이것은 다시 말해 일본인의 어업 활동을 허가한다는 의미라고 볼 수 있다. 그리고 민원서류를 내밀었던 나가이 요사부로를 비롯한 4명의 일본 어민에게 정식으로 강치잡이를 허가했다. 이들은 아예 독도 강치 포획 회사를 설립하고 강치를 잡기 시작했다. 이때 강치를 마구잡이로 잡은 나머지, 1920년대 말에는 독도에는 강치의 씨가 말라 버렸다.

일본 입장에서는 '다케시마의 날'이 독도를 자신의 영토로 편입한 날이지만, 한국의 입장에서는 나라가 기울어가는 마당에 영토가 강탈당한 날이다. 2005년, '다케시마의 날' 제정 소식은 대한민국에 곧 전해졌다. 100년 전, 영토를 강탈당한 날을 일본이 기념하다니, 대한민국 국민은 분노했다. 한국 외교통상부는 바로 시마네 현과 일본 정부를 비난했다. 시마네 현과 자매결연했던 경상북도는 관계를 끊었다. 그렇지만 이 와중에도 주한 일본 대사였던 다카노 도시유키는 "독도는 명백한 일본 땅"이라는 망언을 하기도 했다. '한일 우정의 해 2005' 행사가 치러진 지 불과 한 달 만에 벌어진 일이었다.

왜 시마네 현은 한국인이 분노할 것이 뻔한데도 굳이 '다케시마의 날'을 제정했을까? 그 속을 깊숙이 들여다보면, 시마네 현의 어업권을 확보하기 위한 욕심이 거기에 숨어 있다. 시마네 현 어민은 독도 인근 바다가 한일 어업협정에 의해 '중간 수역'으로 양국의 조업이 모두 허가된 지역이라고 생각하고 있다. 그런데도 한국 어선이 일본 어선을 쫓아내는 것은 부당하다는 것이다. 그들은 독도를 일본 땅으로 선포해서 일본 정부가 관리해 줄 것을 꾸준히 요구해 왔다.

시마네 현 어업 협동조합에 소속된 어민은 무려 4200여 명으로 그 정치적 영향력도 상당한 것으로 알려져 있다. 즉, '다케시마의 날' 제정은 단순히 기념일을 선포한 것이 아니라, 일본인이 독도 부근에서 어업 활동을 자유롭게 할 수 있도록 하겠다는 의도가 숨어 있다.

한편으로 시마네 현의 입장을 중앙정부에 적극적으로 알리려는 의도도 보인다. 일본에는 '북방 영토 반환 운동北方領土盤還運動'이라는 움직임이

2010년 2월 22일, 일본 시마네 현에서 열린 '다케시마의 날' 기념식.

있다. 뒷부분에 자세히 이야기하겠지만, 일본과 러시아 사이에서 분쟁이 일고 있는 쿠릴 열도의 섬을 되찾자는 운동이다. 시마네 현은 독도 문제를 북방 영토 반환 운동의 연장선에서 생각하자는 주장을 펼치고 있다. 이렇게 일본 국내의 주목할 만한 문제와 엮이면 시마네 현의 위상도 올라갈 수 있다. 독도 영유권 문제를 기념일 제정으로 널리 알려서 시마네 현의 이익과 일본의 이익을 모두 취해 보자는 속셈이 여기에 숨어 있는 것이다.

지금도 매년 2월 22일마다 다케시마의 날 기념행사가 시마네 현에

일본 시마네 현에 있는 다케시마 영유권 주장 홍보탑.

서 열리고 있다. 2008년 기념행사는 시마네 현 중심인 마쓰에 역에 독도 영유권을 호소하는 홍보판 제막식을 하는 것으로 시작했다. 소위 다케시마 관련 상품을 판매하고 관련 영화도 상영했다. 600여 명이 참석한 대규모 학술 행사도 열렸는데, 행사의 규모는 매년 점점 커지고 내용도 다양해지고 있다. 기념식에 중학생을 참가시켜 다케시마에 대한 자신의 의견을 발표하는 자리를 마련하기도 했다.

일본인이 다케시마의 날 기념식을 하는 모습을 자세히 살펴보면 이 행사는 이벤트성 행사가 아니라는 점을 알 수 있다. 1년 동안 끊임없이 진행해 온 활동을 여러모로 점검하고 평가하는 성격이 짙은 행사다. 심지어 기념식에는 아무나 참석할 수 있는 것도 아니다. 정성을 들여서 신분, 거주지, 참석 목적 등을 써서 관청에 제출해서 심사에 통과한 후 정식 허가를 받아야 참석할 수 있다. 그만큼 중요하고 신중하게 치러지는 행사라는 의미다.

이미 시마네 현에는 '다케시마 자료실'도 마련되어 있고, 웹상에 다케시마 문제 연구소도 존재한다. 다케시마 자료실에는 일본 측 자료도 많지만, 한국의 영유권 주장에 대한 근거 자료도 많이 수집되어 있다. 한국 측 주장에 대해서 제대로 조사하고 알아본 다음, 이에 대해 반박하기 위한 준비를 체계적으로 해야 하기 때문이다. 다케시마 영유권을 주장하는 홍보탑 역시 이미 시마네 현 곳곳에 11개나 설치되어 있다. 홍보탑에는 대개 "다케시마는 우리나라 고유 영토입니다"라는 문구가 쓰여 있다.

2011년 2월 22일에는, 13명의 일본 국회의원이 다케시마의 날 기념 행사에 참석했다. 기념식이 열린 이후 여당인 민주당의 의원이 최초로 이 행사에 참석해서 우리 언론의 주목을 받기도 했다. 이는 다케시마의 날 제정이 단순히 시마네 현만의 기념일이 아니라는 사실을 제대로 보여 주는 증거다.

일본 정부는 2006년 5월12일 국회 답변서 하나를 공식적으로 채택했다. 현재의 독도는 한국이 불법으로 점거하고 있다는 내용이었다. "일본은 늦어도 17세기 중반부터 독도에 대한 영유권을 확립했다"는 것을 주요 내용으로 한다. 현재 일본 외무성 홈페이지에도 독도가 자신의 고유한 영토라는 주장이 실려 있다. 이들은 한국이 국제법상 근거 없이 독도를 점유하고 있다고 한다. 모두가 알다시피 역사 교과서나 지리 · 공민 교과서의 독도 관련 서술도 갈수록 노골적으로 영유권과 관련된 주장으로 변하고 있다.

일본의 독도 영유권 주장은 특히 2000년대 들어 두드러지게 나타나기 시작했다. 일본 정치계가 보수적인 성격을 띠고 우경화된 것과도 큰 관련이 있다. 우경화라는 것은 우익, 즉 주로 국가주의 · 민족주의를 강조하고, 보수적인 사람들이 사회를 주도하는 쪽으로 점차 바뀌어 가는 것을 말한다. 일본 정부와 우익 단체는 한목소리로 독도 문제를 이야기하고 있다.

2010년 2월에 '일본은 독도 영유권 주장을 중단해야 한다'는 내용의 한일 의원 선언문에 서명을 했던 일본의 도이 류이치라는 의원이 있었다. 일본의 독도 영유권 주장에 대해서 반대하는 입장이었기 때문에 일본에서 거센 비판을 받았다. 류이치 의원은 귀국 후에 주변 정치인의 압력에

못 이겨 모든 당직에서 물러나 당에서 나갈 수밖에 없었다. 일본 사회가 지금 어떤 분위기로 흘러가고 있는지를 잘 보여 주는 사건이다.

일본이 영유권 주장을 펼치고 있는 이유는 분명하다. 독도를 세계적인 분쟁 지역으로 만들기 위해서다. 현재 독도는 한국이 실효적으로 지배하고 있는데, 독도가 한국 땅이 아니라는 주장을 계속하다 보면 세계적으로 독도는 일종의 분쟁 지역으로 인식이 된다. 일단 독도를 분쟁 지역화하게 되면 단단했던 한국의 독도 지배권도 흔들리게 되고, 일본이 원하는 대로 영유권을 얻을 가능성도 높아진다. 일본은 이 목표를 이루기 위한 단계를 조금씩, 치밀하게 밟아 가고 있다.

그렇다면 이러한 일본의 움직임 속에서 우리가 일본의 주장에 반박할 만한 증거는 무엇이 있을까? 한국이 독도에 대한 영유권을 주장할 때, 가장 오래된 기록인 신라 지증왕 때의 '우산국' 이야기에서부터 그 근거를 차곡차곡 꺼낼 수도 있다. 하지만 역사적으로 멀리 갈 필요도 없이, 굳이 우리 역사 속 자료를 꺼낼 것도 없이 몇 십 년 전 일본법을 들추어 보아도 근거 자료는 충분하다. 일본 스스로가 독도를 자신의 영토로 인정하지 않았다는 내용이 담겨 있기 때문이다.

1951년에 만들어진 일본의 '대장성령'이라는 법령이 있다. 1951년은 일본이 제2차 세계대전에서 지고, 우리나라가 해방된 지 그리 오래되지 않았던 시기다. 이 법에서는 공제조합에서 연금을 받는 사람의 범위를 정해 놓았는데, 그중 제4조는 다음과 같다.

> 옛 명령에 의해 공제조합 등에서 연금을 받는 자를 위한 특별 조치법 제4조 제3항 규정에 기초한 부속 도서는 아래 열거한 도서 이외의 섬을 말한다.

① 치사마 열도, 하보마이 군도 및 시코탄 섬

② 울릉도, 독도 및 제주도

위 내용의 ① ②번 조항에 적힌 섬은 모두 이 법의 대상에서 제외된 지역이다. 즉, 일본의 영향권에서 벗어난 지역을 말한다. '대장성령' 뿐 아니라 '총리부령'이라는 법의 제24호 역시 비슷한 내용을 담고 있다. 총리령은 옛 조선총독부 소유의 재산을 정리하기 위한 법률을 구체적으로 시행하기 위한 명령이다. 이때 몇 개의 섬을 일본의 영토에서 제외시키고 있는데, 여기에 울릉도, 제주도와 함께 독도가 적용되어 있었다.

이 법령은 원래의 일본과 옛 일본의 점령지를 구분하고 있다. 여기서 원래 일본은 혼슈, 홋카이도, 규슈와 그 주변 섬으로 규정된다. 이곳은 모두 현재 일본의 영토로 인정되는 지역이다. 일본의 옛 점령지로 구분된 곳은 만주, 중국, 타이완, 조선, 사할린 등 1894년 이후 한때 일본에 의해 점령되었거나 통치되었던 기타 지역이다.

'대장성령'과 '총리부령'을 살펴보면, 1905년 일본의 독도 편입 조치에 의해서 점령이 된 지역이기 때문에, 독도 역시 옛 일본 점령지에 해당한다. 그래서 여러 가지 행정 조치에서 독도를 제외하고 있다. 즉, 일본은 이미 1951년에 독도를 그들의 행정구역에서 제외시켰다는 의미다.

2009년 한국의 한 언론이 이 총리부령과 대장성령을 들면서 "1951년 일본의 국내 법령이 독도를 일본의 자국 영토에서 제외했다"는 기사를 보도했다. 하지만 며칠 뒤 일본 외무성 관계자는 이에 대한 반박 의견을 내놓는다. 제2차 세계대전에서 패한 뒤 일본이 미국의 영향을 받던 시기에 정해진 것이기 때문에 당시의 이야기일 뿐이라는 것이다. 그 법령은 현재는 영향력이 미치지 않는 것이고, 미국의 영향 때문에 당시에만 적용되던

법이라는 이야기다.

하지만 얼마 지나지 않아서 현재까지 실시되고 있는 비슷한 내용의 법령도 속속 발견이 되었다. 1960년에 시행된 '대장성령 43호'와 1968년 시행된 '대장성령 37호' 역시 독도를 일본 영토에서 제외하고 있다. 심지어 이 두 법령은 현재에도 법적으로 효과가 있다. 여기에서 이야기를 더해, 수백 년 전까지 역사를 거슬러 올라가 보면, 일본 스스로가 독도를 자신의 행정권 범위에서 제외했다는 내용을 적은 문서는 생각보다 많다.

1667년 일본 지방 관리에 의해 쓰인 《은주시청합기》라는 문서에서는 일본의 서북쪽 한계를 울릉도, 독도가 아닌 오키 섬으로 보고 있다. 1696년에는 도쿠가와막부가 내린 '도해 금지 조치'가 있다. 안용복 사건 이후에 독도를 포함한 울릉도에서 일본 어민이 어업 활동을 하는 것을 금지한 것이다. 이후에도 일본에서 쓰인 문서 곳곳에서 일본 스스로가 독도를 일본과 관계없는 섬으로 보거나, 조선의 섬이라고 인정한 것을 알 수 있다.

우리가 눈여겨보아야 할 것은 이 모든 문서가 개인이 마음대로 쓴 것은 아니라는 사실이다. 엄연히 일본의 지방 관리가 쓴 것이거나 정부의 문서이므로 일본 정부의 공식 의사표시였다. 특히 '도해 금지 조치'는 당시 일본 정부가 조선 정부와 한창 외교적인 논쟁을 벌인 끝에 정리된 것이다. 독도가 일본과 관련 없는 땅임을, 이미 수백 년 전에 일본 정부는 밝혔던 것이다. 그러나 일본은 자신이 스스로 쓴 법적 문서조차 인정하지 않고 있다. 그 문서가 의미하는 바가 뻔한데도 "영유권을 포기한 내용은 아니다", "미국의 점령 아래에서의 이야기다"라는 논리로 이 문서의 내용을 부정하거나 축소하고 있다.

일본 정부가 주장하는 독도 영유권의 시작점, 즉 결정적인 시기는 대체 언제부터일까? 바로 '다케시마의 날'로 기념하고 있는 1905년의 '시마네 현 고시'다. 1905년 1월 28일, 일본 내각은 "독도는 주인 없는 무인도이기 때문에 이 섬을 다케시마로 칭하고, 일본 시마네 현의 관할 아래에 둔다"는 내용을 의회에서 결정했다. 이후 정부가 시마네 현에 훈령을 내려서 '시마네 현 고시 40호'를 내걸게 한다. 그러나 실제로 이 고시가 어떻게 내려졌는지 명확한 실체가 없다. 당시 일본에 104개나 되었던 신문 중 단 한 곳에도 이와 관련한 구체적인 내용이 남아 있지 않다. 실체는 없지만 유령처럼 존재하는 고시인 것이다. 독도 편입 조치가 비밀리에 진행된 것이 아니라면 이런 상황은 불가능하다.

게다가 대한제국은 엄연히 1900년부터 울릉도와 독도 지역을 강원도의 27번째 군으로 포함한 상태였다. 뿐만 아니라 이 내용을 〈관보〉에 게시하고 전 세계에 당당히 알렸다. 독도는 절대 '주인 없는 섬'이 아니었으며, 일본도 이를 모르지 않았던 것이다. 결국 일본은 대한제국의 땅임을 뻔히 알면서도 독도를 주인 없는 땅으로 만들어서 빼앗아 버린 셈이 된다. 이렇게 많은 문제점에도 일본은 자신의 주장을 굽히지 않고 있다. 그들의 영유권 주장에 대한 입장은 크게 둘로 나뉜다.

첫 번째 입장은 원래 독도가 사람이 거주하지 않던 땅이었는데, 일본이 먼저 발견해서 자신의 땅으로 만들었다는 주장이다. 사람이 살지 않는 땅을 먼저 점유했다고 해서 '무주지 선점론'이라고 한다. 무주지無主地라는 것은 주인이 없는 땅을 말하고, 선점先占이라는 것은 먼저 차지했다는 뜻이다. 예를 들어서 A라는 나라가 주인이 없는 땅을 발견해서 자신의 땅으로 포함시켰다. 그러면 이 섬은 A국가의 영토가 된다는 논리가 바로 무주지 선점론이다.

다시 말해, 일본인이 어느 누구도 살지 않던 땅인 독도를 1905년에 시마네 현 고시를 통해서 일본 영토로 차지했다는 주장이다. 선점론이 인정되어 성립하려면 독도는 그 누구에 의해서도 통치되거나 이용되는 땅이 아니어야 했다. 또 선점을 하는 주체는 '국가'여야 하고 선점을 했다는 의사 표시를 다른 나라에도 알려야 했다.

이런 조건에 비추어 보면 일본이 선점했다는 조건은 몇 가지 문제점을 가지고 있다. 일단 1905년 일본이 독도를 편입했을 때 가장 관계가 있는 우리나라에는 아무런 통고도 하지 않았다. 또 일본이 선점했다는 의사표시는 '국가'에서 한 것이 아니라 정확히 말하자면 '지방자치단체'의 하나인 시마네 현의 고시에 의해서 이루어진 것이다.

또 선점의 대상은 항상 사람이 살지 않는 곳, 곧 '무주지'여야 한다. 이때의 무주지란 어느 국가의 영역에도 들어가 있지 않은 곳, 어떤 국가의 한 부분으로 있는 것이 아니라 일종의 버려진 지역이어야 한다는 것이다. 하지만 당시 독도는 버려진 지역이 아니었다. 조선은 15세기 초부터 왜구의 침범이 많아 주민을 보호하기 위해서 공도公島정책, 즉 섬을 비워 두고 사람이 거주하지 않게 한 정책을 폈지만 이것은 독도를 포기한 것은 아니었다. 공도 정책을 펼 때에도 정기적으로 조사관을 파견했던 사실이 이를 증명해 준다.

두 번째 입장은 독도가 원래부터 일본의 고유 영토라는 주장이다. 일본 외무성은 1952년에 항의와 1962년 외교 각서에서 "독도는 일본 고유의 영토"라고 이야기해 왔다. 이 주장은 이른바 고유 영토설이라고 불린다. 옛날부터 독도는 일본인에게 알려져 있었고 일본 영토의 일부로 생각되어 왔고, 일본인에게 이용되었다는 입장이 주요한 내용이다. 1905년의 고시 이전부터 독도는 사람이 살지 않은 땅이 아니라 일본의 고유 영토라는 입장이다. 이때 '고유의 영토'는 한 국가가 만들어진 이후에 정복을 하거나 편입한 땅이 아니라 국가가 만들어질 당시부터 그 국가의 땅이었던 곳을 이야기한다.

하지만 독도가 일본의 고유 영토라는 주장은 역사적 근거가 거의 없다. 신라 지증왕 13년부터 독도는 우리의 영토였고 조선 시대의 각종 정책, 조선 숙종 때 안용복의 활동, 도해 금지 조치 등은 모두 독도가 일본이 아닌 한국의 고유 영토임을 입증한다. 단순히 일본 어부가 몰래 와서 어업 활동을 했다고 해서 그것이 실효적 지배라고 보기는 어려운 것이다.

심지어 무주지 선점론과 고유 영토설, 두 가지 주장도 서로 앞뒤가 들어맞지 않는다. 앞서 살펴보았듯이 1905년 시마네 현 고시 제40호를 통해 "독도를 일본의 영토로 편입한다"는 조치를 했다는 사실은 독도가 일본의 고유 영토가 아니었기 때문에 이루어진 일일 것이다. 원래부터 일본이 주인이었던 섬인 독도를 굳이 고시를 내려서 자신의 땅으로 편입할 필요가 없기 때문이다. 따라서 일본이 주장하는 두 가지 논리 '선점론'과 '고유 영토설'은 함께 이야기할 수 없다. 이로써 엉터리 논리로 일본은 영유권을 주장하고 있음이 드러나게 되었다.

우리 법에 나타난 독도

일본의 메이지 유신 이후에 울릉도와 독도 지역에도 일본인이 몰래 들어오기 시작했다. 주로 울릉도 지역의 나무를 벌채해 가서 목재로 파는 것이 그들의 목적이었다. 1881년고종 18년, 일본인 7명이 울릉도에서 몰래 나무를 베어 가다가 조선 정부에 적발되었다.

당시 조선 조정은 일본 외무성에 항의하고, 울릉도와 독도에 관심을 갖기 시작했다. 울릉도에 주민 이주 정책과 개발 정책이 추진되었다. 1883년에는 54명의 이주민이 울릉도에 들어와 살기 시작했다. 하지만 일본의 대외 팽창 정책 앞에서는 속수무책이었다. 1900년쯤, 울릉도에 몰래 들어오는 일본인의 숫자가 너무 많았고, 아예 집을 짓고 사는 사람도 늘어났다. 이러한 상황 속에서 1900년 당시 대한제국 정부는 10월 22일, 칙령 41호를 내려서 울릉도를 우리의 영토임을 확인했다. 내용은 다음과 같다.

> 울릉도 군청이 울릉 전도全島와 죽도竹島, 대섬, 석도石島, 돌섬, 독섬, 독도를 관할한다.

이 조항의 주요 내용은 울릉도의 이름을 울도로 바꾼다는 것이다. 또한 울릉도 군수가 울릉 전도와 죽도, 석도를 관할한다는 것이다. 이때 죽도는 울릉도에서 동쪽으로 2킬로미터 거리에 있는 섬을 가리킨다. 그리고 울릉도의 부속 섬으로 석도石島라는 이름이 등장하는데, 이것이 바로 독도를 말한다.

일본 학자들은 여기에 나와 있는 석도라는 섬이 독도가 아니라고 주장한다. 울릉도 북쪽에 있는 관음도라는 섬을 가리킨다는 것이다. 이것 때문에 '석도'라는 이름이 과연 어디를 가리키는가에 대해 논쟁이 붙기도 했다.

예전에 울릉도 주민이 독도를 '돌섬'이라고 한 사실이 있다. 이 돌섬이 '독섬'으로, '독섬'이 또다시 '독도'라는 이름으로 변해서 현재의 독도라는 명칭으로 정착되었다. 돌섬은 한자어로 옮기면 석도石島가 된다. 이에 따르면 석도는 현재의 독도다. 독도는 1900년 이미 대한제국의 영토로 선포되었고, 이것은 1905년 일본의 시마네 현 고시보다 앞선다.

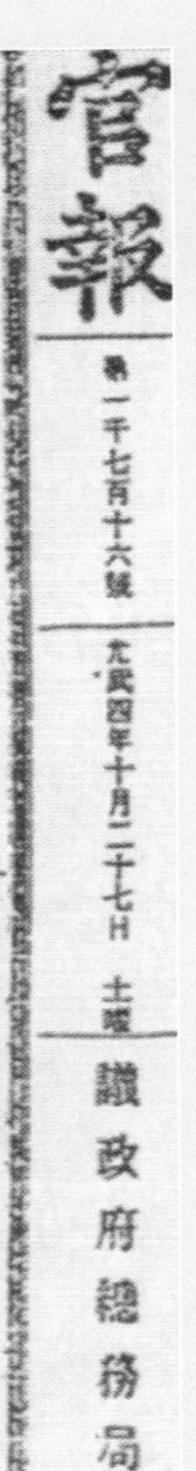

官報

第一千七百十六號　光武四年十月二十七日　土曜

議政府總務局官報課

宮廷錄事

議政府贊政 宮內府大臣臨時署理 宮內府特進官으로 閔種默

謹

奏向因江華府留守山城史庫

奉安

實錄曝曬秘書郞李秉韶奏

來時

仁祖朝丁丑年

實錄二冊無乎事爲辭而至有前後不審曝曬與李秀之秘書郞李

愚冕前前江華府尹李海昌敎奉謹金台濟秘書郞金德漢并令法

部査辦流配矣今伏聞

實錄李秀秘書郞金炳哲復

命時所

奏則前者闕失之

仁祖朝丁丑年

實錄二冊在於第三十九櫃內今已搜得云

奉安于第四十櫃中云矣曝曬所重何等審愼而前者曝曬秘書郞

李秉韶初不詳細點檢率爾登入

奏致煩前後之聽殊以事體誠極駭然徑庭之失在所難逭不可尋

常處之令法部査竅照律上項流配之李愚冕等四人旣無犯科一

是照已施之律宜有參恕之典自臣府不敢擅便何以爲之而

實錄二冊今李

安奉安之節亦之何如謹上

奏

光武四年十月十四日奉

旨依奏流配之李愚冕等旣已昭晰並分揀放送

宮內府特進官閔種默自引疏

批旨省疏具悉旣已經勘何必爲引卿其勿辭行公

十月二十五日

勅令

勅令第四十號

外國語學校와醫學校와中學校卒業人을該學校에取用ᄒᆞ는官制

第一條　外國語學校와醫學校와中學校에卒業ᄒᆞᆫ人은該校敎官을敍任在案ᄒᆞ얏다가該校敎官이有闕ᄒᆞ야填補ᄒᆞᆯ時에는卒業生數官敍任ᄒᆞᆫ人으로特別試驗을經ᄒᆞ야塡任ᄒᆞᆷ이라

第二條　本令은頒布日로봇터施行ᄒᆞᆷ이라

光武四年十月二十五日

御押　御璽　奉

勅令第四十一號

勅　議政府議政臨時署理贊政內部大臣　李乾夏

鬱陵島를鬱島로改稱ᄒᆞ고島監을郡守로改正ᄒᆞᆫ件

第一條　鬱陵島를鬱島라改稱ᄒᆞ야江原道에附屬ᄒᆞ고島監을郡守로改正ᄒᆞ야官制中에編入ᄒᆞ고郡等은五等으로ᄒᆞᆯ事

第二條　郡廳位寘ᄂᆞᆫ台霞洞으로定ᄒᆞ고區域은鬱陵全島와竹島石島를管轄ᄒᆞᆯ事

第三條　開國五百四年八月十六日官報中官廳事項欄內鬱陵島以下十九字를删去ᄒᆞ고開國五百五年　勅令第三十六號

대한제국의 칙령 41호.

일본이 시마네 현 고시를 내려 독도를 편입했다는 소식이 울릉도 군수에게 들려 왔다. 이에 울릉도 군수는 "본군 소속 독도를 일본 땅이라 주장하므로 대책을 세워 달라"는 내용의 긴급 보고서를 중앙정부에 올렸다. 이 보고서의 앞머리에서도 대한제국이 독도를 이미 우리의 영토로 인식하고 있었다는 것을 알 수 있다.

문제는, 당시는 이미 대한제국이 일본의 식민지 상태에 빠져들던 시기라는 점이었다. 일본은 "어째서 시마네 현 고시가 내려진 것을 알았던 당시에 대한제국이 일본 정부에 항의를 하지 않았는가?"라는 의문을 제기한다. 하지만 대한제국은 1906에 이미 외교권이나 내정을 모두 일본에게 빼앗긴 상태였기 때문에 이와 관련해서 직접적인 조치를 취할 수 있는 힘이 없었다. 시마네 현 고시의 효과로 우리나라가 일본의 식민지였던 1945년까지 독도는 우리 땅의 일부로서 일본의 식민지였다.

1945년, 드디어 일본이 제2차 세계대전에서 패하고, 우리나라는 해방이 되었다. 패전국인 일본에 대한 여러 가지 조치가 뒤이어 이루어졌다. 연합군 최고 사령부는 1945년 8월에 일본 어민의 고기잡이 경로에 대한 제한 조치를 내렸다. 한 달 후에는 '항복 문서'의 부록으로 첨부되어 있는 '일반 명령 제1호'를 선포했다. 이 명령에는 일본 어선이 어업 활동을 할 수 있는 구역을 설정하는 내용이 포함되어 있었다. 여기에는 "일본인의 선박 및 승무원은 금후 북위 37도 15분, 동경 131도 53분에 있는 독도다케시마의 12해리 이내에 접근하지 못하며 또한 이 섬에 어떠한 접근도 하지 못한다"는 내용이 있다.

이때 일본인이 어업을 할 수 있도록 정해진 구역의 경계선을 최고 사령관 맥아더 장군의 이름을 따서 '맥아더라인'이라고 부른다. 맥아더라인은 일본열도를 두르는 선으로 설정되었는데 독도와 울릉도는 이 선 바깉에 있었다.

다음해 1월 29일에는 연합군 최고 사령관의 훈령이 내려졌는데, 이를 SCAPIN이라고 한다. 이 훈령의 제677호를 통해서 울릉도와 독도는 일본의 통치 영역에서 제외되었다. 이후 일본인은 독도와 그 주변 12해리 이내 구역에 접근하지 못했다. 물론 일본은 이 훈령이 독도가 어느 나라에 속하느냐를 최종적으로 결정한 것은 아니라고 주장한다. 그러나 1948년 대한민국은 정식으로 독립국으로서 출범했는데, 이때 이미 독도는 맥아더라인에 의해서 대한민국 영토로 인정된 셈이다.

샌프란시스코강화조약에 서명하는 일본 총리.

전후 일본의 영토에 대한 확실한 규정은 1951년에 이루어졌다. 일본과 연합국이 제2차 세계대전 전후 처리를 위해 1951년 9월 8일, 샌프란시스코에서 강화조약을 맺은 것이다. 이 조약의 초안에서 일본의 계속되는 로비로 한때 미 국무성이 이 조약의 초안에서 독도를 일본 영토로 기록하기도 했다. 하지만 다른 나라의 반대 때문에 결국 독도를 일본 영토로 포함하는 문구는 삭제되었다. 물론 독도가 한국 땅이라는 명확한 문구가 나와 있는 것도 아니다. 하지만 실제 조약의 준비 과정에서 영국 정부에 의해 작성된 지도에 독도는 한국 영토로 분명하게 표기되어 있다.

샌프란시스코강화조약에 일본에서 분리되는 한국 영토와 관련된 언급을 구체적으로 살펴보면, "일본은 한국의 독립을 승인하고 제주도, 거문도 및 울릉도를 포함하는 한국에 대한 모든 권리, 권원 및 청구권을 포기한다"는 내용이다. 이 규정에 울릉도는 포함되어 있지만, 독도는 구체적으로 나와 있지 않다. 이때 독도가 다른 섬과 함께 언급이 되었다면 일본이 지금처럼 억지를 쓸 수 없었을 것이다. 그렇지 않은 사실이 지금의 우리에게는 안타까운 일이다.

샌프란시스코강화조약에서 독도가 한국 땅으로 언급되지 못했다는 것을 우리나라가 알아차리게 된 것은 1951년 7월의 일이었다. 하지만 이때 우리는 한창 한국전쟁을 치르고 있었기 때문에, 이에 확실하게 항의하기는 힘들었다.

한국은 독도를 한국의 영토로 확실히 기재해 달라고 미 국무성에 요구한 적은 있지만, 미 국무성은 거절했다. 다만 독도가 어느 쪽에 속하는지에 대해 조사가 필요하다고 밝혔다. 미 국무 장관은 "일본이 독도를 편입시키기 전인 1905년에 독도가 한국 영토였다는 것이 확실하면 샌프란시스코강화조약에 독도를 한국 영토로 포함시키는 것이 특별히 문제되지 않는다"는 발언을 했다. 이미 독도가 1905년 이전에 한국의 영토였다는 사실은 충분히 증명되어 있다. 또한 오래전부터 독도는 울릉도에 속한 섬으로 인식되어 있기 때문에, 울릉도가 한국의 영토로 포함되어 있는 이 조약에 따르면 독도는 명백히 한국 땅인 것이다.

이후 1952년, 한국의 이승만 정부는 '대한민국 인접 해양의 주권에 대한 대통령 선언'이라는 것을 발표해 독도를 우리 주권이 미치는 영토로 확정했다. 일본이 독도의 영유권을 노리는 것을 눈치 챈 한국 정부가 먼저 조치를 취한 것이다. 선언을 통해 만들어진 것이 이른바 '평화선'이다. 이승만 대통령이 선포했기 때문에 이를 '이승만 라인'이라고도 부른다.

이승만 라인은 일본 어선으로부터 우리의 어족 자원을 보호하기 위

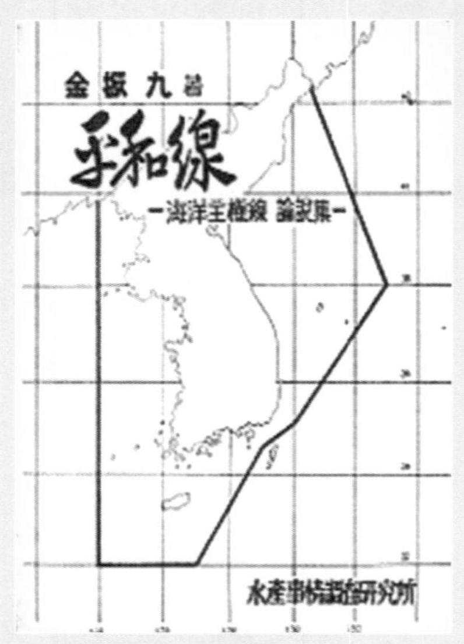

1952년 선언한 평화선, '이승만 라인'.

이승만 라인에 항의하는 일본인.

1954년 대한민국이 독도를 그려 판매한 우표. 일본은 이에 대한 항의 표시로 이 우표가 첨부된 우편물을 반송했다.

한 것이었다. 또한 그전까지 효력이 있던 맥아더 라인을 계승한 것이라고 볼 수 있다. 평화선을 선포하고 난 후에 한국 정부는 이 선을 넘어오는 불법을 저지른 일본 어선을 나포하기도 했는데 그 수는 328척, 선원은 3929명에 이르렀다.

일본은 평화선이 한국의 일방적인 조치이기 때문에 불법이라고 주장하고 있다. 하지만 평화선은 한국과 일본 간의 국교 수립이 이루어진 1965년까지 유지되었다. 불법이라면 어떻게 10여 년 넘게 평화선이 유지될 수 있었을까?

한편, 1952년 일본과 미군과의 협의로 독도가 미군의 폭격 훈련장으로 쓰인 일이 있었다. 일본이 독도 영유권을 주장할 때 근거로 내세우는 사건 중 하나다. 자기네 땅이었기 때문에 이런 사안을 협의하여 결정할 수 있었다는 것이다. 하지만 1952년 독도는 당시 북한군과 싸우던 유엔군의 결정에 의해 한국 측 방공 식별 구역에 속해 있었다. 생각해 보면 일본은 자신의 땅도 아닌 데다가 한국인이 드나드는 독도를 미군이 폭격 연습장으로 쓰도록 유도한 어처구니없는 일을 저질렀던 것이다. 당시 한국은 미국의 폭격 연습에 대해서 항의했고 미국 공군은 독도를 폭격 훈련 구역에서 제외시켰다.

1965년 6월에는 해방 이후 단절되었던 한국과 일본 간에 국교가 수립되었다. 이른바 한일조약의 체결 과정에서도 독도는 자주 언급되었다. 일본은 독도의 영유권 문제를 국제사법재판소에서 다루자고 주장한 적이 있다. 하지만 한일회담 도중에 일본의 외무성은 "독도는 이익이 없는 섬이니까 폭발시켜 없애면 된다"는 발언을 하기도 했다. 일본이 독도 영유권에 대해 심각하게 생각하지 않았다는 것을 보여 주는 발언이다.

이에 비해 한국 정부는 독도는 한국의 고유 영토라고 주장하며 이에 대한 토의 자체를 거부해 왔다. 결국 독도 영유권에 대한 내용은 한일조약 문서 속에 구체적으로 기재되지 않았다. 독도 문제를 구체적으로 나중에 협의하자는 내용도 남아 있지 않다. 그저 이전대로 독도에 대한 한국의 실효적 지배가 계속되어 현재까지도 이어지고 있다.

우리나라에는 현재 독도를 직접적으로 다룬 몇 가지 국내법이 있다. 그중 하나가 '독도의 지속가능한 이용에 관한 법률'이다. 일본이 다케시마의 날을 정하자 독도에 대한 우리나라의 주권을 다져 놓고자 법을 제정한 것이다. 일본이 다케시마의 날을 정하고 나서 독도가 분쟁 지역이 되는 것을 막고자 독도에 사람이 살 수 있을 만한 기반을 다지고 여러 가지 시설을 개발하여 무인도가 아닌 유인도화하자는 것이 이 법의 취지다. 하지만 법이 제정되고 나서 구체적인 정책이 이행되고 있지 않고 지지부진한 것이 큰 문제다.

'독도 의용 수비대 지원법', '독도 등 도서 지역의 생태계 보전에 관한 특별법'도 있다. '독도 의용수비대 지원법'은 울릉도 주민 중 독도를 지키기 위해 결성된 의용 수비대 33인을 지원하고, 그들의 활동을 기리는 기념 사업회를 만드는 내용의 법안이다. '독도 등 도서 지역의 생태계 보전에 관한 특별법'은 훼손되지 않은 아름다운 독도의 생태계를 지키기 위해 만들어진 법이다.

한편 2010년 2월에는 국회 외교통상통일위원회가 '독도 영유권 선포에 관한 특별 법안'을 국회에 올린 적도 있다. 독도에 대한 실질적인 영유권을 국제사회에 선포해 우리의 주권을 인식시키고자 한 법안이다. 하지만 이 법안은 논란 속에 2011년 현재에도 국회를 통과하지 못했다. 독도가 현재 대한민국 땅인데 이 부분에 대해 영유권을 선포하는 법을 통과시킨다면 말이 안 된다는 우려가 있었기 때문이다.

하지만 이 외에도 발의는 되었지만 통과되지 못 하고 국회에서 낮잠을 자고 있는 독도 관련 법안이 10개가 넘는다. 문제는 독도 관련 법안에 대한 관심이 일본의 교과서 문제 등과 맞물릴 때만 쏟아질 뿐, 지속적으로 이어지지 않는다는 것이다. 아직 독도 특위에만 올라 있고 특별히 구체적으로 진행되고 있지 않은 법안도 꽤 많다. 일본이 지속적이고 전략적으로 독도 문제에 접근하고 있을 때 한국 국민이나 국회의원은 반짝 이슈에만 관심을 쏟고 있는 것이다.

15

영토 분쟁의 어제와 오늘

일본의 분쟁 지역

2011년 3월 2일, 갑자기 일본 남단 섬 센카쿠 열도댜오위다오 근처에 중국 전투기 2대가 등장했다. 중국 전투기가 자신들의 영공을 침범할 수 있다고 판단한 일본의 자위대 전투기도 급박하게 출격했다. 위기일발의 상황이었다. 다행히 이날의 해프닝은 일본 전투기가 급발진하는 시점에 중국 전투기가 다른 방향으로 날아가서 긴급 상황으로 번지지는 않았다. 중국 당국은 자신들의 비행기는 정보 수집기라고 발표했다. 이 사건은 댜오위다오가 중일 양국에 어떤 의미가 있는 곳인지를 잘 보여 주는 사건이었다.

댜오위다오, 일본이 중국과 영토 문제로 부딪히고 있는 곳이다. 센카쿠 열도는 일본에서 부르는 이름이고 중국어로는 댜오위다오鳥魚島라고 한다. 섬이 여러 개 줄지어 있어 열도라고 한다. 5개의 작은 무인도와 대륙붕 끝단에 있는 암석 3개로 구성되어 있다. 동중국해의 남부에 있고 일본 오키나와에서 420킬로미터, 중국 본토에서 350킬로미터, 대만에서 190킬로미터 떨어진 열도다. 이 중 가장 큰 섬이 댜오위다오인데, 전체 면적이 7제곱킬로미터인 작은 섬이다.

이곳은 오랫동안 경제·정치적으로 거의 가치가 없는 섬으로 여겨졌기 때문에 한동안 큰 관심거리는 아니었다. 하지만 1960년대 후반에 주변 바다에 상당한 석유 자원이 묻혀 있다는 사실이 알려지면서 관심의 초점이 되었다. 특히 중국과 일본, 대만이 갑자기 영유권 주장을 하면서 분쟁 지역이 되었다.

댜오위다오를 둘러싼 분쟁은 청일전쟁에서 일본이 승리한 후 맺은 시모노세키조약에서 시작된다. 일본의 승리로 맺은 조약이므로 중국청에 불리한 조약이었음을 짐작할 수 있다. 이 조약에 의해서 댜오위다오는 일

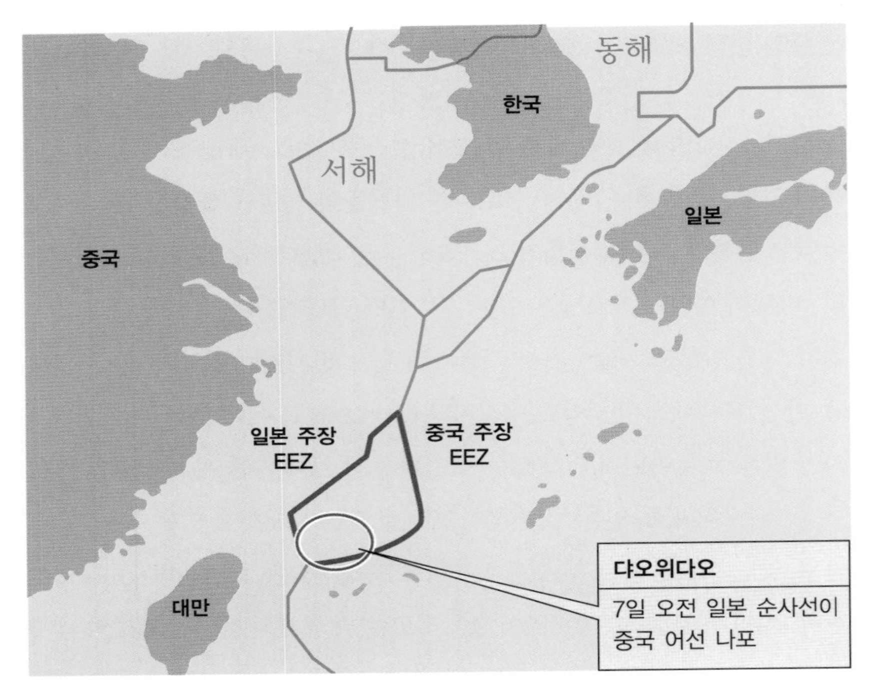

중일 분쟁 지역인 댜오위다오.

본 영토로 넘어갔다. 1945년에 제2차 세계대전에서 일본이 패한 후에는 미국의 점령지에 들어갔다가, 1972년 오키나와 반환 협정을 통해서 일본의 영토가 되었다. 이 협정의 결과로 현재는 일본이 실효적으로 지배를 하고 있는 상황이지만, 분쟁은 끊이지 않고 있다.

댜오위다오의 영유권에 대해 두 나라의 입장 차이는 분명하다. 일본은 이 섬들이 1884년에 최초로 일본인에 의해 발견되었다는 점, 1895년 일본의 내각이 정한 바에 의해 일본 영토로 공식적으로 편입되었다는 점을 들어 이 지역의 영유권을 주장하고 있다.

반면 중국은 명 왕조인 1372년까지 거슬러 올라가 영유권 주장의 근거를 들고 있다. 당시 명 왕조의 황제가 이 지역을 중국의 조공 지역으로 삼았던 기록이 있다. 이후 약 500년간 전통적으로 중국의 영토였지만 일본이 불평등한 시모노세키 조약으로 빼앗았다는 것이다.

두 나라는 댜오위다오의 문제에 있어서 한 치의 양보도 허용하지 않고 있다. 특히 독도 문제와 마찬가지로 일본의 보수적 정권은 많은 마찰을 일으켰다. 1978년에는 중국 어부가 이 부근에서 조업을 하는 것에 맞서 일본 극우 단체가 등대를 설치한 뒤 분쟁이 본격화되었다. 중국은 계속해서 이에 항의했다. 1992년에는 중국이 센카쿠 열도의 영유권을 주장하는 영해법을 통과시켜 일본을 자극하기도 했다. 당시 중국은 타이완과 공동으로 대응해서 인근 바다에 대규모 항의 어선단을 파견했는데, 일본은 경비정을 보내 이를 강제로 밀어내서 충돌 직전까지 가기도 했다. 1996년에는 인근 해역에서 일본의 등대 설치에 항의하는 홍콩의 시민 단체 회원 한 명이 익사하는 사고가 발생하기도 했다.

2004년 3월에는 댜오위다오에 상륙한 중국인 7명을 일본이 체포한 일도 있었다. 중국은 이를 국제법 위반 행위라 비난하면서 두 나라 관계가 악화되었다. 비록 이들은 강제로 추방되는 형태로 풀려나기는 했지만 자칫하면 국제적 분쟁으로 떠오를 수 있는 사건이었다.

독도 문제와 마찬가지로 댜오위다오 역시 두 나라 사이를 급격히 악화시키는 원인으로 작용하고 있다. 2010년에 일본의 간 나오토 총리와 중국의 원자바오 총리가 정상회담을 했다. 두 나라 정상은 매우 직설적으로 이곳이 자국의 땅임을 주장해 이와 관련해서 의견일치를 보지 못하고 협상에서 평행선을 그었다. 중국 측은 "댜오위다오는 중국 땅"이라는 기본 원칙을 주장한 반면, 일본 측은 원래 일본 영토인 곳이라 영토 문제 자체가 존재하지 않는다고 선을 그었다.

중일 분쟁 지역인 댜오위다오.

두 나라가 댜오위다오에 눈독을 들이는 이유는 분명하다. 엄청난 양의 석유와 천연가스가 주변 바다에 매장되어 있기 때문이다. 댜오위다오를 차지하는 국가는 12해리의 영해와 200해리의 배타적 경제수역EEZ에 묻힌 수많은 에너지 자원을 확보할 수 있다.

안보 차원의 문제도 있다. 중국의 입장에서 보면 댜오위다오는 자신들의 군사력을 태평양으로 뻗어 나가게 하기 위한 전진기지로 중요하다. 일본에게 이곳은 페르시아, 인도양, 말라카 해협, 동중국해를 잇는 해상 교통로의 요충지이다.

댜오위다오 문제는 두 나라 간의 군사적 긴장으로도 이어진다. 일본은 2004년 이후로 중국이 댜오위다오를 탈환할 경우에 대비해 미국과 합동 군사훈련을 10회 이상 실시했다. 중국은 이 훈련이 있을 때마다 촉각을 곤두세우고 일본과 미국을 비난하고 있다.

일본과 러시아의 영토 다툼도 현재 진행형이다. 일본인이 특히 큰 관심을 기울이는 쿠릴 열도일본은 이를 북방 영토라고 부른다는 오호츠크 해와 북태평양을 가르는 총 56개의 섬 중 에토로프, 쿠나시르, 시코탄, 하보마이 등 4개 섬을 말한다. 현재는 러시아가 관할하고 있는 지역이다.

일본과 러시아는 쿠릴 열도를 사이에 두고 역사적으로 오랜 다툼을 벌여 왔다. 원래 이 섬에는 아이누족이 살고 있었다. 하지만 18세기와 19세기에 러시아인과 일본인이 이곳에 주목하면서 분쟁의 씨앗이 자라나기 시작했다. 일본과 러시아는 18세기 후반에 서로 간의 경계를 확정하는 조약을 체결한다. 이때 양국 간의 의견 차이를 좁혀서 일본은 사할린을 러시아 땅으로 인정하기로 하고, 러시아는 쿠릴 열도를 일본 땅으로 인정하기로 했다.

그런데 제2차 세계대전 이후에 상황이 바뀌었다. 일제의 패망으로

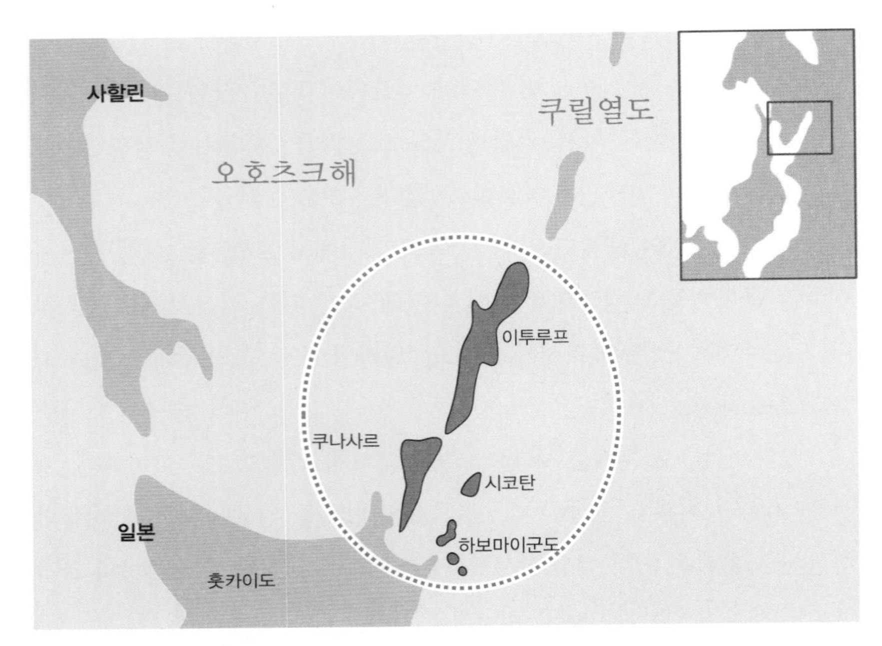

러시아와 일본의 분쟁 지역인 쿠릴 열도.

일본의 모든 영토가 연합국에 의해 점령되었다. 연합국은 사할린과 쿠릴 열도를 소련에게 넘겨주는 것이 적절하다고 판단했기에 결국 이곳은 소련에게 넘어가게 되었다. 이미 쿠릴 열도에는 전쟁 전부터 1만 7000여 명의 일본인이 살고 있었지만 이때 소련군에 의해 모두 쫓겨나게 되었다. 소련의 스탈린 정권은 대신 러시아인을 이곳에 강제 이주시켰다.

일본은 러시아가 자신들에게 쿠릴 열도의 4개 섬을 돌려주어야 한다고 주장한다. 이런 주장을 하게 된 근거는 1951년에 연합국 48개국과 일본 사이에 맺은 샌프란시스코강화조약이다. 앞서 말했듯이 이 조약은 제2차 세계대전을 끝맺음한 조약인데, 여기에는 패전국인 일본의 영토 확정에 대한 내용이 대부분 채워졌다. 샌프란시스코강화조약에 '쿠릴 열도'가 언급되어 있지만 문제가 되고 있는 섬들은 전혀 언급되지 않았다는 것이 일본의 주장이다.

사실 소련은 1951년 샌프란시스코강화조약을 맺기 위한 회의에 참가는 했지만 서명은 하지 않았다. 그래서 일본과 소련은 4년 뒤인 1955년에 따로 회의를 열어 공동선언을 했다. 물론 이 회의에서도 4개 섬의 영유권 문제가 등장했다. 일본은 이들 섬을 반환받기를 원했지만 소련이 동의하지 않아 두 나라는 끝까지 합의를 보지 못한 채 공동선언만 했을 뿐이다.

쿠릴 열도를 서로 탐내는 데에는 그만한 이유가 있다. 우선 이 섬들은 전략적인 가치가 있다. 이곳은 태평양에서 오호츠크 해까지 길게 펼쳐져 있어 러시아도 쉽게 접근할 수 있다. 주변 바다의 어획량 역시 상당한 편이다. 화폐 가치로 치면 연간 40억 달러에 달한다. 게다가 황철광이나 유황 등 여러 가지 광물 자원도 풍부한 편이다. 이곳을 차지한다면 소련이나 일본 모두 침체를 겪고 있는 경제 위기를 해결하는 데 큰 도움이 된다. 4개의 섬을 차지하는 것이 단순한 자존심 문제만은 아닌 것이다.

그렇기에 쿠릴 열도를 두고 소련과 일본의 신경전은 계속되고 있다. 2010년 11월에는 러시아의 메드베데프 대통령이 이곳을 전격 방문해 화제가 되었다. 이에 대해 일본 총리 및 외무성 관계자는 유감을 표하면서 두 나라 관계가 얼어붙을 수 있을 것이라고 발표했다. 일본인의 반대 시위도 이어졌다. 그리고 한 달 뒤, 일본 외무상이 헬기를 타고 쿠릴 열도를 시찰했다. 물론 이 시찰은 일본 영공 내에서 이루어진 것이지만, 러시아 대통령의 방문에 대응하기 위한 것이 아니냐는 이야기가 흘러나왔다. 하지만 러시아는 얼마 후 이 지역에 미사일 배치와 공항 신설 계획을 연이어 발표했다. 새 공항을 건설하는 데 드는 비용만 해도 450억 원 정도가 들 것이라고 예상되었다. 쿠릴 열도에 엄청난 투자를 하는 러시아의 행동을 통해 일본과의 영토 분쟁에서 결코 밀리지 않겠다는 의지를 엿볼 수 있다.

한편 일본은 이 지역을 북방 영토라고 부르며 반환 운동을 벌이고 있다. 이미 '북방 영토 특별 조치법'이 제정되어 있을 정도다. 2009년에 고친 이 법에는 "북방 영토는 일본 고유의 영토"라는 내용이 담겨 있다. 일본의 새로운 책무로서 "북방 영토의 조기 반환을 실현하기 위해서, 최대한의 노력을 한다"라는 내용도 이어진다. 일본인은 쿠릴 열도가 원래 자신들의 영토이고, 꼭 되찾아야 할 땅이라고 생각한다.

쿠릴 열도는 우리와도 무관하지 않다. 앞으로 이 지역의 개발에 여러 나라가 관련될 수 있기 때문이다. 최근에는 제3국 기업을 대상으로 이곳에 대한 투자 유치를 러시아가 제안했는데 중국과 한국이 참여 의사를 밝혔다. 일본은 주변 국가의 이러한 움직임에 유감을 표시했다. 2011년 5월에는 한국의 독도특별위원회 소속의 야당 국회의원 3명이 쿠릴 열도의 쿠나시리 섬에, 러시아 영토를 경유해 들어가서 일본을 자극하기도 했다.

일본은 이렇듯 곳곳에서 영토 문제로 주변 국가와 대립하고 있는 상황이다. 이 분쟁은 우리와 상관없는 문제가 아니다. 일본의 영토 욕심이 북방 영토 반환 운동으로 나타나고 있고, 이 운동의 연장선상에서 독도 영유권을 주장하고 있기 때문이다.

중국과 일본의 영토 분쟁 역시 주의 깊게 살펴볼 필요가 있다. 당사자인 두 나라 뿐 아니라 우리나라나 미국 등 제3국의 입장도 분쟁에 큰 영향을 미칠 수 있기 때문이다. 특히 시간이 갈수록 중국의 성장이 두드러지면서, 영토 분쟁이 어떤 모습으로 흘러갈지 지켜봐야 한다. 국가 간 정치·경제적 힘의 관계는 영토 다툼에 큰 영향을 끼치기 때문이다. 2010년 9월 댜오위다오를 침범한 중국 어선의 선장을 일본이 구속했을 때, 중국이 일본에 대한 희토류라는 희귀 금속 수출 중단 조치를 내리자 결국 일본은 중

쿠릴 열도를 방문한 러시아 대통령과 이에 항의하는 일본인들.

국 선장을 풀어 준 일이 있다. 희토류는 원유 정제와 유리 세공, 가전제품과 녹색 에너지 기술 부문 등에 활용되는 아주 중요한 자원이다. 전 세계 희토류 생산의 90퍼센트 이상을 중국이 독점하고 있으니, 수출을 중단한다면 일본이 큰 손해를 보게 되는 상황이었다. 영토 분쟁도 경제적으로든 정치적으로든 국가 간의 파워게임이라는 것을 잘 보여준 사건이었다.

세계의 영유권 분쟁

스프라트리 제도. 중국에서는 난사 제도, 베트남에서는 츄온사 제도라고 불리는 지역이다. 이곳도 오늘날 첨예하게 영유권 분쟁이 벌어지는 곳 중의 하나인데, 그 양상이 다른 어떤 곳보다 무척 복잡하다. 중국 · 대만뿐만 아니라 베트남 · 필리핀 · 말레이시아 · 브루나이 등 동남아에 위치한 아세안 국가까지, 무려 6개국이 이 섬의 영유권을 주장하면서 부딪치고 있기 때문이다.

스프라트리 섬은 어마어마한 자원이 있는 것으로 알려지면서 분쟁의 씨앗이 되었다. 1969년 유엔이 보고한 바에 따르면 이 지역에는 300억 톤 이상의 석유가 매장되어 있다. 특히 스프라트리 섬의 남동쪽에서 생산되는 심해 자원이 벌써 경제적으로 활용되고 있는데, 브루나이나 말레이시아는 유전이나 천연가스를 개발하여 사용하고 있다.

스프라트리 제도에 대한 각국의 주장은 관련 국가의 수만큼 다양하다. 중국은 스프라트리 영유권 주장의 근거로 고대로부터 남중국해의 여러 섬이 중국의 영토임을 역사적 증거를 들어 주장하고 있다. 베트남은 1650~53년으로 거슬러 올라가 영유권 주장을 하고 있다. 필리핀은 대부분

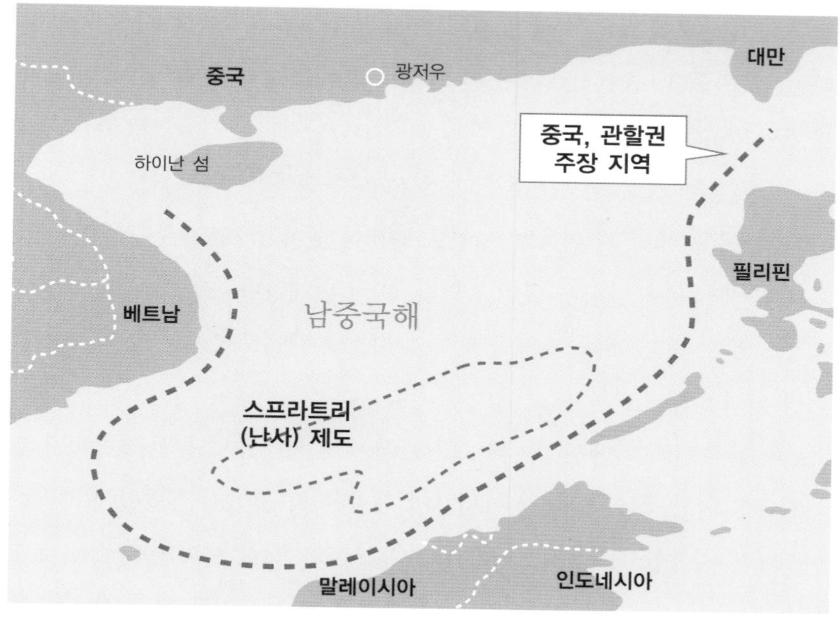

스프라트리 제도.

의 섬에 사람이 살지 않았던 스프라트리 제도를 1947년 처음 '발견'했다고 주장한다. 말레이시아는 지리적 위치 및 해양법 협약을 들어 영유권을 주장하고 있다. 이렇듯 스프라트리 제도의 영유권 분쟁은 대단히 복잡한 양상을 띠고 있는 데다가 무력 행사까지 염려되는 상황이다.

2007년 9월, 중국의 함선이 베트남의 어선에 총격을 가해 베트남인 승무원 5명이 부상당한 사건이 발생했다. 2010년에도 중국이 베트남 어민 9명을 나포해서 문제가 되었다. 이동통신 개통조차 문제가 된 적이 있었다. 중국의 이동통신사인 신화사가 스프라트리에 휴대폰 서비스를 개통하자 베트남이 이에 항의했기 때문이다. 최근에는 다른 국가가 지배하고 있는 섬을 무력으로 점령하기 위해 중국이 군사작전을 계획하고 대규모 합동훈련을 하고 있다는 소식이 전해졌다. 언제라도 섬을 탈취할 능력이 있다는 것을 주변 나라에 보여 주어 영유권 협상을 유리하게 이끌겠다는 의도에서 비롯된 것이다.

이렇듯 영토 분쟁은 한국과 일본 사이에서만 나타나는 일은 아니다. 세계 곳곳에서 지금껏 많은 영토 분쟁이 있어 왔고, 지금도 많은 나라가 영유권 때문에 다툼을 벌이고 있다. 미국과 캐나다도 과거 알래스카 국경선을 두고 다툰 적이 있고, 인도와 파키스탄 간에도 카슈미르 분쟁이 일어난 적이 있다.

만약 나라 안에서 '갑'과 '을' 사이에 땅 때문에 소유권 실랑이가 벌어졌다고 치자. 국가 안에서 사람 사이에 다툼이 벌어지면 법원에 재판을 신청해서 해결할 수 있다. 사법기관은 법으로써 사람 사이의 다툼을 해결하기 위해 존재하는 국가기관이기 때문이다. 마찬가지로 국가 간 다툼도 이를 해결해 주는 국제기구가 있다.

국제법을 적용하여 문제를 해결하는 국제사법재판소ICJ는 국제연합UN의 주된 사법기관으로, 국제연합에 가입한 국가는 모두 국제사법재판소에 재판을 신청하거나 받을 수 있다. 이때 국제법이 재판의 기준이 된다. 하지만 국제사법재판소의 판결에 의해서 국가 간 문제를 해결하는 것은 그렇게 간단치가 않다. 국내법과는 몇 가지 차이를 가지기 때문이다.

일단 국제법은 국가 안에 적용되는 국내법만큼 강력한 힘을 발휘하지는 못한다. 국내법은 보통 나라 안에 의회 등 입법기관에서 정해진 절차에 따라 엄격하게 법이 만들어진다. 국가의 권력이 강제력을 발휘하기 때문에 이를 지키지 않을 때에는 그만큼의 처벌 또한 뒤따른다.

하지만 국제법을 만드는 특별한 입법기관은 없다. 상위법, 하위법 같은 엄격한 체계도 없다. 국제법은 주로 분쟁에 맞닥뜨린 나라가 서로 인정한 규칙이나 국제 협약, 국제적인 관습에 의해서 만든 법이므로 큰 강제력을 갖는 것이 아니다. 해당 국가가 국제사법재판소의 명령에 수긍하지 않으면 재판의 결과가 집행되지 않는 경우도 생긴다.

따라서 영토 분쟁은 국제사법재판소의 판결에 의해서 해결되는 경우도 있지만, 평화적인 방법으로 해결되지 않는 경우도 있다. 영토 다툼이 두 나라 사이의 무력 충돌로 이어지는 경우도 발생한다. 실제 영토 분쟁 사례 중 군사 충돌이 발생하는 경우는 전체의 30퍼센트 정도에 이른다.

남아메리카의 동남쪽에 있는 작은 섬이 모인 포클랜드 제도를 두고 벌어진 영국과 아르헨티나의 다툼이 그 예다. 이 분쟁은 결국 1982년 전쟁으로 이어졌다. 이 전쟁을 포클랜드 전쟁이라고 부르는데, 결국 영국이 전쟁에서 승리하면서 끝이 났다. 당시 전쟁으로 아르헨티나군 700여 명과 영국군 250여 명이 전사하는 희생을 치렀다. 영토 분쟁에 군사력을 동원하는 것은 이렇듯 끔찍한 결과를 불러온다.

물론 국제사법재판소의 판결로 영토 문제가 자연스럽게 해결된 경우도 있다. '팔마스 섬 사건'과 '망끼에 및 에끄레호 영유권 사건'이 가장 대표적인 경우다. 1906년, 미국의 주지사가 관내를 순시하다가 필리핀 군도의 팔마스 섬에 네덜란드 국기가 게양되어 있는 것을 발견했다. 이 소식은 바로 미국 정부로 전달되었다. 이것이 미국과 네덜란드 간에 벌어진 영토 분쟁의 시작이었다.

이미 미국은 미국 · 스페인 전쟁에서 이겨 1898년 두 나라 사이의 강화조약에 의해서 필리핀 군도를 스페인으로부터 넘겨받았다. 스페인과의 전쟁 후 맺은 조약의 결과로 팔마스 섬이 미국에 할양된 것으로 미국은 생각하고 있었다. 이 섬은 필리핀 군도의 경계선 내 약 20해리 지점에 위치해 있었기 때문이다. 이에 반해 네덜란드는 팔마스 섬이 동인도회사 때부터 자신의 영유권 아래에 있는 섬의 하나였고, 평화적인 지배가 계속되어 왔다고 주장했다.

두 나라는 1906년 이후 거의 20년 동안 논쟁을 계속했다. 결국 이 사건은 1925년 국제사법재판소로 넘어갔다. 국제사법재판소는 3년 후 네덜란드의 손을 들어 주었다. 미국이 영유권 지역에서 가깝다는 사실보다 네덜란드가 일정한 기간 동안 '실질적이고 효과적으로 지배'를 하고 있었다는 사실을 인정했기 때문이다.

프랑스의 노르망디 반도 앞에 사람이 살지 않는 암초가 모여 있는 '망키에Minquiers와 에크레호Ecrehos'라는 곳이 있다. 1259년, 영국과 프랑스의 조약에서 영국 왕 헨리 3세는 노르망디 반도에 대한 모든 주권을 포기하는 내용의 각서에 서명했다.

그렇지만 이 조약에서는 물론 1360년 두 나라가 다시 맺은 칼레 조약에도 두 암초군의 이름은 명시되지 않았다. 프랑스는 이 암초군이 노르망디 반도에 부속된 섬이기에 당연히 프랑스 땅이라 여기고 특별한 행정 조치를 취하지는 않았다. 반면 19세기 들어 영국인은 이 섬을 꾸준히 이용했다. 영국 정부는 이 지역의 부동산에 대해서 세금을 매기거나 여기에서 발생한 사건에 대해 재판하는 등 다양한 행정 조치를 취했다.

18세기 후반부터 이들 암초에 대한 영국과 프랑스의 분쟁이 시작되었다. 두 나라는 이들 암초를 두고 60년간 맞서오다가 결국 합의하에 국제사법재판소에 이 사건을 의뢰했다. 국제사법재판소는 고민 끝에 1953년, 영국의 손을 들어 주었다. 프랑스가 역사적인 정통성을 가지고 있지만, 영국이 실효적인 지배를 해 왔다는 점을 중시했기 때문이었다. 또 프랑스가 영국의 여러 가지 조치에 대해 특별히 항의를 하지 않았던 것은 일종의 영유권 포기라고 생각한 것도 다른 하나의 이유였다.

위의 두 사건에서 우리는 두 가지 가르침을 얻을 수 있다. 첫 번째는 국제사법재판소는 두 사건에서 모두 실효적 지배를 하고 있는 나라의 손을 들어 주었다는 것이다. 두 번째는 자신의 권리를 지키기 위해서는 적극적으로 행동하지 않으면 안 된다는 점이다. '법은 권리 위에 잠자는 자를 보호하지 않는다'라는 말이 이러한 교훈을 잘 설명해 준다.

16

세계인이 주목하는 독도

독도를 둘러싼 싸움은 현재 진행형이다. 2011년 3월, 우리는 사상 최악의 대지진과 원전 사고를 당한 이웃 나라 일본을 걱정했지만, 일본은 일본 교과서의 왜곡된 독도 서술로 문제를 일으켜 우리를 심란하게 했다. 일본의 중학교 지리 · 공민 교과서 18종 중 12종이 '독도는 일본의 고유 영토'라는 입장을 기술했다. 심지어 한국이 독도를 불법 점거하고 있다는 내용을 실은 교과서도 4종이나 되었다. 바로 뒤이어 일본 외무성이 발간한 2011년 '외교 청서외교 백서'에도 독도가 일본 땅이라는 주장을 되풀이했다.

독도 문제 외에도 일본의 나머지 영토 분쟁 지역인 센카쿠 열도댜오위다오와 쿠릴 열도에 대한 기술 역시 비슷한 맥락이었다. 쿠릴 열도는 러시아가 불법 점거하고 있고, 센카쿠 열도에 중국인이 불법 어업 활동을 하러 왔다는 식의 서술이었다. 교과서 내용이 알려진 시점이 대지진으로 피해를 입은 일본을 위해 구호와 성금이 이어지던 때였기에 주변국의 분노는 더욱 컸다.

이후에도 독도 관련 소식은 끊이지 않고 들려 왔다. 물론 대부분 좋지 않은 소식이었다. 독도에 대한 한일 간 분위기가 악화되는 가운데 6월, 대한항공에서 새로운 비행기, A380의 시험 비행을 인천과 독도 구간에서 했다. 물론 독도에 착륙한 것은 아니지만, 시범 비행을 독도 상공까지 했다는 것은 '독도는 우리 땅'이라는 확고한 의지를 표명하기 위한 일이었다. 일본 외무성에서는 이 일에 반발해 주한 일본 대사관을 통해 한국 정부에 항의했고 외무상은 유감을 표시했다. 또한 한 달간 외무성 공무원에게 대한항공의 이용을 자제하도록 하기도 했다.

2011년 7월에는 더욱 황당한 소식이 전해지기도 했다. 일본의 야당

2011년 8월 1일 김포공항을 통해 입국한 일본 자민당 의원들.

인 자민당 의원 3명이 한국의 독도 영유권 강화 움직임에 대응하기 위해 울릉도를 방문하겠다는 선언을 한 것이다. 8월 1일에 반드시 방한해서 소위 '다케시마' 문제에 대한 일본 국민의 관심을 불러일으키겠다는 의도였다. 한국은 이들의 입국을 금지하겠다고 선언했지만, 이들은 기자회견을 열어 꼭 한국에 가겠다는 의지를 밝혔다. 8월 초는 한국이 독도에서 주민숙소를 완성하여 기념식을 열고 국회 특별위원회를 여는 등 독도 영유권을 굳히기 위한 조치가 계획되어 있었다.

이들은 8월 1일, 우여곡절 끝에 김포공항에 도착하지만 한국 정부는 출입국관리법을 적용해 입국 심사대에서 이들의 입국을 허가하지 않았다. 결국 이들은 9시간 만에 울릉도 땅은 밟지도 못하고 일본으로 돌아갔다. 하지만 이 일이 일본 내에서 그 나름대로 화제가 되자, 자민당의 다른 국회의원들이 울릉도를 방문하겠다고 발표했다.

이렇게 좋지 않은 분위기 속에서 일본 정부가 2011년 방위 백서를 발표했다. 방위 백서에는 "우리나라일본 고유의 영토인 북방영토 및 다케시마의 영토 문제가 여전히 미해결 상태로 존재한다"고 표현되어 있다. 2005년 이후로 바뀌지 않는 문구로서, 독도가 그들의 영토라고 여전히 주장하고 있다.

일본이 바라는 독도 해법

일본이 오래전부터 주장했던 것은 "독도 문제 해결을 국제사법재판에 의뢰해 보자"는 것이었다. 이미 일본은 1954년과 1962년에 이같이 제안했다. 하지만 한국 측은 이를 단호히 거부했다. 국제법상 분쟁의 당사국이 모두 승낙해야 재판을 열 수 있다. 일본만의 의뢰로 재판을 할 수는 없는 것이다.

하지만 이후에도 일본은 호시탐탐 독도 문제를 국제 분쟁화해서 국제사법재판소로 끌고 가려는 주장을 했다. 2011년 8월한창 독도 문제로 한일 간 사이가 벌어지고 있는 시기였다에도 일본 정부가 한국 정부를 상대로 독도 문제를 제소할 것을 검토하고 있다는 소식이 들려 왔다.

한국이 제소에 동의를 하지 않기 때문에 실제 재판에 갈 가능성은 희박하다. 게다가 한국과 일본은 1965년 한일기본조약을 마무리 지으면서 분쟁이 일어났을 때에 대비한 공문을 교환한 적이 있다. 이 문서에는 '조약을 맺어도 분쟁이 일어나면 외교적인 방법으로 해결하고, 안 되면 제3국을 세워서 조장하자'는 내용이 적혀 있다. 분쟁이 생기면 제3국을 통해서 양측의 분쟁을 해결하자는 것으로, 굳이 국제사법재판소로 분쟁을 끌고 가겠다는 내용은 없다. 만약에 일본이 국제사법재판소에 독도 문제를 가지고 간다면, 한일 간 모든 외교의 기본이 되는 한일기본조약을 깨는 것이 된다.

하지만 실제 재판에 들어갈 가능성도 희박하고, 한국의 강력한 반발을 불러올 것이 뻔한데도 이러한 주장을 한다는 것은 다른 목적이 있다는 이야기다. 바로 '독도의 분쟁 지역화'다. 전 세계가 독도를 분쟁 지역으로 인식하게 하는 것이 그들의 목적이다.

일본의 역사교과서 문제나 '다케시마의 날' 조례 제정 등도 모두 같은 의도에서 비롯된 것이다. 한 번 분쟁 지역으로 낙인찍히면 '독도는 한국 땅'이라는 당연한 인식도 무너지기 때문이다. 게다가 일본이 국제사법재판소에 제소를 하는 데 한국이 이를 거부한다면, 한국이 재판을 회피하는 듯한 인상을 줄 수도 있다. 이것이 일본의 노림수다.

한국 사람 중에는 일본의 행동에 분개해 '독도가 우리 땅이 분명한데 국제사법재판소에 회부해서 승소 판결을 받는 게 낫지 않을까?' 하고 생각하는 이도 있다. 과연 국제사법재판소에 독도 문제를 의뢰하는 것이 옳은 일일까. 우리나라 안에서도 이 부분에 대한 의견은 분분하다. 하지만 대체로 재판까지 가지 않는 것이 좋다는 의견이 많다. 우리 정부는 공식적으로 독도를 분쟁 지역으로 보지 않는다. 당연한 우리의 영토이기 때문이다. 독도 문제에 대한 분쟁 그 자체도 인정하지 않는다.

이런 입장에서는 굳이 재판소에 판결을 맡긴다는 것은, 우리의 영유권이 확실하지 않다는 사실을 인정하는 셈이 된다. 따라서 우리 정부는 일본의 제안을 거부해 왔다. 만약 재판을 하더라도 국제사법재판소가 모든 정황을 파악해서 판결을 내리는 데는 상당히 오랜 시간이 걸릴 것이 분명한데, 그동안 영유권에 대한 국내외 인식이 약해지는 것도 걱정할 만한 일이다.

국제사법재판소에서 판결이 났다고 해서 모든 분쟁이 깔끔하게 해결되는 것이 아니다. 과거 인도네시아와 말레이시아는 접경지대에 있는 시파단 섬과 리기탄 섬을 둘러싸고 분쟁을 벌였다. 두 섬에는 어마어마한 석유 자원이 묻혀 있기 때문이다. 2002년에 이 분쟁은 국제사법재판소의 판결에 의해 말레이시아의 영유권을 인정함으로써 일단락되었다. 하지만 인도네시아는 이를 인정하지 않고 2005년 이 지역에 F16 전투기를 출격시키는 무력시위를 했다. 국제사법재판소의 판결이 완전한 해결을 보장해주지는 못한다는 것을 보여준 사례다.

하지만 우리도 뒷짐만 지고 있을 수는 없다. 독도를 분쟁 지역으로 만들려는 일본의 노력이 성공할 수도 있다. 이 경우, 우리는 국제 여론에 떠밀려 어쩔 수 없이 재판을 의뢰해야 할 수도 있다. 만의 하나인 가정이지만, 정말 이런 일이 벌어진다면 우리가 매우 불리해질 수도 있다.

일본은 우리나라와 달리 국제법에 기초한 소송 경험이 있다. 그리고 10여 년 동안 착실하게 독도 영유권 관련 자료를 수집해 왔다. 하지만 우리나라는 국제법 분야의 전문가가 적은 편인 데다가 이에 대한 연구가 일본에 비해 부족하다. 우리가 여러 가지 상황에 대해 미리 적극적인 대응을 하지 않고 있다가는 독도 문제에 대해 '침묵'국제법으로는 '묵인'이라고 한다한 것이 되어서, 사법적인 분쟁 해결에도 불리해진다.

국제법보다 중요한 독도 알리기

독도 문제 해결의 열쇠는 무엇일까? 대부분의 전문가와 언론은 '실효적 지배'라는 단어를 힘주어 말한다. 그렇다면 실효적 지배란 무엇일까? '실효적 지배'란 어떤 국가가 토지를 실제적이고 효과적으로 가지고 있고 구체적으로 통치하는 것을 말한다. 즉, 영토에 대해서 입법 · 사법 · 행정 등의 국가의 권리를 평화적이고 지속적으로 충분히 지배하는 것이다. 사람이

가서 살 수 있고, 경제활동을 할 수 있는 것이 실효적 지배의 구체적인 방법이라고 볼 수 있다.

물론 한국은 지금껏 독도를 실효적으로 지배해 왔다. 신라 시대부터 독도를 발견하여 다스려 왔다는 역사적 사실이 이를 뒷받침해 준다. 조선 시대에는 울릉도와 독도를 빈 섬으로 남겨 두었지만 이것은 지배를 포기한 것은 아니었다. 또 앞서 살펴봤듯이 일본이 주장하는 시마네 현 고시 이전에 이미 독도는 대한제국의 땅으로 고시되었다. 1945년 이후에는 우리가 먼저 독도의 영유권을 주장하는 선언을 했고, 지금까지 독도를 관할하고 있다.

하지만 우리가 독도를 실효적으로 지배하고 있다는 사실을 더 적극적으로 보여 줄 필요가 있다. 실효적 지배를 효과적으로 전 세계에 보여 주는 가장 좋은 방법은 독도를 사람이 살 만한 땅으로 만드는 것이다. 즉, 지금처럼 무인도가 아닌 유인도로 만드는 것이다.

현재 독도에는 김성도 씨와 김신열 씨 부부가 주민으로 거주하고 있다. 독도가 우리 땅이며, 무인도가 아닌 유인도라는 것을 국제법적인 증거로 내세울 수 있는 사람은 이 두 사람뿐이다. 물론 경비대원과 등대원 등 다른 사람도 독도에 거주하고 있지만 이들은 근무 기간이 지나면 독도를 떠난다. 현재 독도에 호적을 두고 있는 우리나라 사람은 2000명이 넘지만, 살지 않고 호적을 두고 있을 뿐이다. 사실 우리만 독도에 호적을 두고 있는 것도 아니다. 69명의 일본인도 '시마네 현 다케시마'에 본적을 두고 있다.

독도는 아직 사람이 제대로 살기에는 시설이 열악하고 기상 조건이 좋지 않다. 하지만 개발을 어떻게 하느냐에 따라 많은 수의 사람이 충분히 접근하여 살 수 있다. 독도가 사람 사는 섬이 된다면 단순히 '암석'이 아닌 '섬'으로서 인정을 받아서 영해와 배타적 경제수역을 당당히 확정할 수 있다.

현재 정부는 독도에 종합 해양 과학 기지 건설, 독도의 접근성 향상을 위한 울릉도 항구 개발, 독도 주민 숙소의 설치, 독도 체험관과 독도 교육 홍보관 건립 등의 사업을 계획하고 있다. 국회에는 독도 문제를 다루기 위한 국회의원의 모임인 '독도영토수호대책특별위원회독도특위'가 활동하고 있다. 모두 독도의 실효적 지배를 강화하기 위한 구체적인 방법이다. 특히 일본 교과서 문제가 터진 이후, 이들의 활동에 더욱 불이 붙었다. 독도특위에 많은 관심이 쏟아지기도 했다.

독도를 효과적으로 이용할 수 있는 갖가지 방안을 찾아보는 것도 의미가 있다. 가장 가능성 있는 방안은 독도를 관광지나 휴식처로 개발하는 것이다. 독도의 아름답고 신비로운 자연경관을 활용할 수 있는 좋은 방안이다. 물론 현재 독도 관광 상품이 있지만 완전히 활성화된 상태는 아니다. 독도는 암석으로 구성된 작은 섬인 데다가, 아직 헬기장과 몇 개의 부대시설만 있을 뿐이지 다양한 관광 관련 시설을 갖춘 곳은 아니기 때문이다. 물론 경제성과 환경문제를 모두 고려해서 관광지로 개발할 필요는 있다. 단순히 경제성 때문에 독도가 가진 생태계를 파괴할 수는 없기 때문이다.

가장 중요한 사실은 독도와 관련한 사업 추진과 관심이 일시적이어서는 안 된다는 사실이다. 보통 우리는 일본의 고위직 관리의 독도 관련 망언이 있거나 일본 교과서에 독도 내용 서술 문제가 터지면 큰 관심을 보여왔다. 하지만 얼마 가지 않아서 관심이 사그라지는 경향이 있다.

독도를 우리 영토로 지키기 위해서는 무엇보다 지속적인 관심이 필요하다. 치밀하게 심사숙고해서 독도 관련 법안을 통과시키고, 세부적인 사업도 추진력 있게 꾸준히 진행해야 한다. 이슈가 되면 이런저런 법안이나 대책을 정부에서 내 놓지만, 정작 제대로 이행되는 사업이 많지 않았기 때문이다.

또 일본이 독도를 먼저 점유했다고 주장하는 1905년 이전에 우리가 이미 독도를 실효적으로 지배하고 있었다는 사실을 뒷받침할 만한 정확한 사료를 계속 찾아내야 한다. 국제사법재판소의 판결을 보면 모두 실효적 지배 국가의 영유권을 인정했다. 영유권을 입증하는 데 확실한 역사적 자료를 찾아내고 이것을 제시하는 것이 독도 영유권을 지키는 데 큰 도움을 줄 것이다.

대한민국 외교통상부 홈페이지에 들어가 보면, 독도에 대한 우리 정부의 명확한 입장이 나타나 있다.

> 독도가 우리 땅이라는 정부의 입장은 확고하다. 독도는 역사적 · 지리적 · 국제법적으로 명백한 우리의 고유 영토이다. 대한민국 정부는 우리의 고유 영토인 독도에 대한 분쟁은 존재하지도 않으며, 어느 국가와의 외교 교섭이나 사법적 해결의 대상이 될 수 없다는 확고한 입장을 가지고 있다.

대한민국 정부는 우리의 고유영토인 독도에 대한 분쟁은
존재하지도 않으며, 어느 국가와의 외교 교섭이나 사법적
해결의 대상이 될 수 없다는 확고한 입장을 가지고 있다.
정부는 독도에 대한 대한민국의 영유권을 부정하는
모든 주장에 대해 단호하고 엄중히 대응하고 우리의
영토주권 강화조치를 지속적으로 전개해 나갈 것이다.

외교통상부 홈페이지에 나와 있는 독도에 대한 우리 정부의 입장.

이것이 독도에 대한 우리 정부의 입장이다. 우리는 해방 이후부터 확고하게 독도를 우리 땅이라고 생각해 왔으며, 그 입장은 한 번도 변한 적이 없다. 또, 독도가 분쟁 지역이 아니라는 사실도 명확히 하고 있다.

물론 이런 확고한 입장은 꼭 필요하다. 하지만 이제는 한발 나아가서 한국 정부의 주장을 적극적으로 알릴 필요가 있다. 독도 지배를 확실히 하기 위해서는 주변 국가와 밀접한 외교 관계를 유지하고, 지구촌 각국에 우리 땅, 독도의 홍보를 끊임없이 하는 것도 중요하다. 우리 안에서만 "독도는 우리 땅"이라고 외치는 것보다 현실적으로 국제적인 인정을 받는 것이 더 중요하다.

일본이 영유권 분쟁 지역으로 내세우는 곳은 독도, 쿠릴 열도, 센카쿠 열도 등이다. 하지만 국제사법재판소에서 해결하자고 제안하는 곳은 독도뿐이다. 왜 그럴까? 물론 센카쿠 열도는 현재 일본이 실제로 점유하고 있기 때문에 굳이 국제사법재판소에 제소할 필요가 없다. 하지만 북방 영토라고 부르는 쿠릴 열도는 러시아가 불법적으로 점거하고 있다고 주장하면서도 국제사법재판소에 제소하려고 하지 않는다. 그저 외교적 노력에만 치중한다는 인상이다.

이러한 일본의 이중적 태도의 이면에는 국제적인 힘의 논리가 숨어 있다. 사실 쿠릴 열도 문제는 러시아와의 분쟁이기 때문에 쉽사리 미국의 도움을 받을 수 없다. 아무리 미국이 강대국이라고 하지만 러시아라는 또 다른 강대국과의 분쟁에 함부로 끼어들어 중재할 수는 없기 때문이다. 하지만 독도의 경우에는 다르다고 볼 수 있다. 미국은 한국과도 동맹 관계를 맺고 있지만 일본과도 떼려야 뗄 수 없는 동맹 관계를 맺고 있기 때문이다. 영토 분쟁은 단순히 진실 게임이 아니라 국제적인 힘의 논리와도 밀접한 관련이 있음을 일본은 알고 있는 것이다.

竹島
Takeshima
다케시마 문제를 이해하기 위한
10의 포인트
竹島
Takeshima
다케시마 문제를 이해하기 위한
10의 포인트
외무성
외무성 아시아대양주국 북동아시아과
〒100-8919 도쿄토 치요다쿠 카스미가세키2-2-1
대표전화:+81-(0)3-3580-3311
http://www.mofa.go.jp/
2008년2월발행

일본 외무성이 제작한 독도 관련 자료집.

일본 외무성은 2008년 2월부터 홈페이지를 통해 '다케시마 문제를 이해하기 위한 10의열 가지 포인트'라는 팸플릿을 싣고 있다. 이 팸플릿은 일본어, 영어, 한국어 등 세 가지 언어로 시작해 이제는 중국어, 독일어, 스페인어 등 10개국 언어로 번역되어 있다.

반면 우리 정부는 독도 문제에 대해 적극적인 홍보나 국제적인 여론을 조성하려는 노력이 부족한 편이다. 센카쿠 열도 문제로 일본과 다툼이 있는 대만 사람까지도 독도를 일본 땅이라고 생각하고 있는 경우가 많다니, 일본에 비해 독도에 대한 외교력 및 홍보가 얼마나 부족한지 알 수 있다. 독도에 대한 세계적인 인식이 아직 우리에게는 유리하지 않다는 점은 여기서 그치지 않는다.

최근 발간된 세계지도를 살펴보면 1.5퍼센트만 독도를 한국 땅으로 표기하고 있다. 정보의 보고인 인터넷에서도 마찬가지다. 2010년 국가별 인터넷 사용자 통계 보고서에 따르면 인터넷상에서 독도의 지명 표기가 '다케시마Takesima'로 되어 있는 경우가 무려 159만 건이라고 한다. '죽도다케시마를 일본 말로 적은 것'라고 표기한 경우도 757만 건이다.

사실 독도가 위치해 있는 동해East Sea도 마찬가지 문제를 안고 있다. 우리가 알고 있는 동해가 아니라 '일본해Sea of Japan'로 표기된 경우가 인터넷상에서는 185만 건에 달한다. 세계지도에서도 마찬가지다. 동해/일본해로 함께 표기되어 있는 경우는 전 세계 지도의 단 28퍼센트뿐이다.

최근에는 동해 표기와 관련하여 더욱 심각한 일이 발생했다. 유엔 산하 국제수로기구IHO에서 세계 각국의 바다 이름을 표기한 규정집을 편찬하려고 각국의 입장을 조사하고 있다. 이 규정집은 각국의 해양 지도 제작의 준거가 되기 때문에 중요하다. 그런데 이 조사에서 미국이 동해의 표기를 '일본해'로 단독 표기해야 한다는 입장을 밝힌 것이다. 이어 미국 정부

THE NEW YORK TIMES, WEDNESDAY, JULY 9, 2008 N A15

DO YOU KNOW?

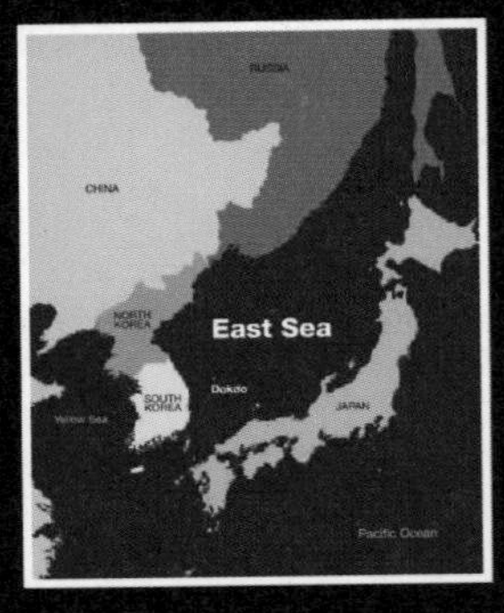

For the last 2,000 years,
the body of water between Korea and Japan
has been called the "East Sea".

Dokdo (two islands) located in the East Sea
is a part of Korean territory.
The Japanese government must acknowledge this fact.

Please visit www.ForTheNextGeneration.com
for historical background and more information
on the East Sea and Dokdo.

Moreover, Korea and Japan must pass down
accurate facts of history to the next generation
and cooperate with each other to realize peace and prosperity
in Northeast Asia from now on.

www.ForTheNextGeneration.com

〈뉴욕타임스〉에 실렸던 독도 광고.

의 입장을 공식적으로 밝히는 국무부 브리핑에서도 이 주장은 이어졌다.

미국의 입장 발표에 한국 정부는 강하게 반발했다. 미국의 영향력이 크다는 것을 누구도 부인할 수 없기 때문이다. 게다가 한국과 미국은 동맹 관계를 유지해 온 사이인데, 일방적으로 일본을 두둔하는 의견을 내 놓았다는 점에 서운함을 표시했다. 하지만 우리의 반발이 무색하게도 미국에 이어 영국 역시 일본해를 단독 표기해야 한다는 입장을 전달했다. 이러한 흐름이 계속된다면 우리는 매우 불리한 입장에 처하게 될 것이다.

2008년 7월, 미국의 주요 일간지인 〈뉴욕타임스〉에 독도를 알리는 전면 광고가 실렸다. "Do you know?"라는 제목 아래 실린 이 광고는 한반도 주변의 지도와 함께 "지난 2000년 동안 일본과 한국 사이의 바다는 동해East Sea라 불려 왔고 동해에 위치한 독도dokdo는 한국의 영토다. 일본 정부는 이 사실을 인정해야만 한다"는 내용이 실려 있었다. 가수 김장훈 씨가 사비를 털고 한국 홍보 전문가 서경덕 씨가 제작했다. 이 광고는 전 세계에 독도의 진실을 알려 주었고, 우리에게는 독도에 대한 국제적인 홍보가 얼마나 중요한지를 일깨워 주었다. 이후 김장훈 씨는 미국 뉴욕의 명소인 타임스퀘어에 또다시 독도 홍보 전광판 광고를 하기도 했다.

ast Sea

6장

독도를 기점으로 회복해야 할 우리 바다

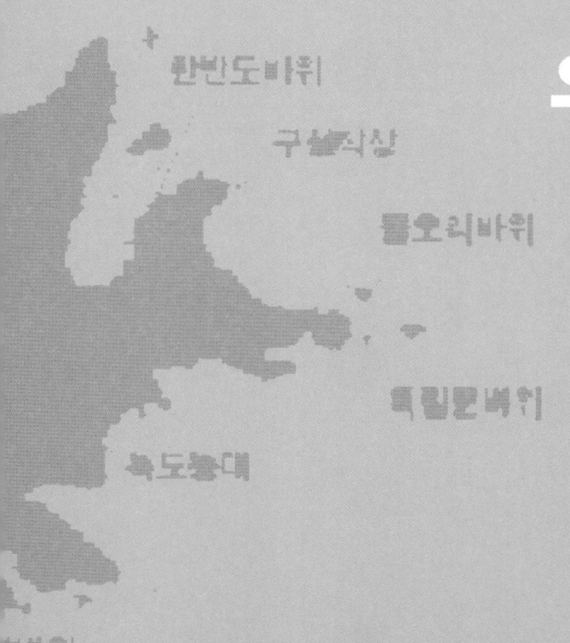

17

법으로 지키는 우리 땅, 우리 바다

동물이 자연 속에서 자신의 영역을 지니고 살아가는 것처럼 사람이 생활하는 공간 내에서도 각자의 영역이 있다. 사람은 국가라는 정해진 범위 안에서 살아가고 있기 때문에 영역은 개인이 사회 속에서 살아갈 때 정해지는 개인적인 범위가 아닌, '국가의 영역'으로 나타나게 된다. 국가를 구성하는 3대 요소는 '국민 · 주권 · 영역'인데 그중 '국가의 영역領域'이란 한 국가의 주권이 미치는 공간적 범위를 의미한다. 또한 이 영역은 영토 · 영해 · 영공으로 구성된다. 국토國土를 한자 그대로 풀이하면 '국가의 땅'이지만 실질적으로 국토는 단순하게 국가의 '땅'만을 말하는 것이 아니라, 국경선으로 정해진 영토領土 · 영해領海 · 영공領空을 모두 포함한다. 즉, 국토란 국가의 배타적 주권이 미치는 영역이기 때문에, 외부의 침입으로부터 보호해야 하는 범위라고 할 수 있다.

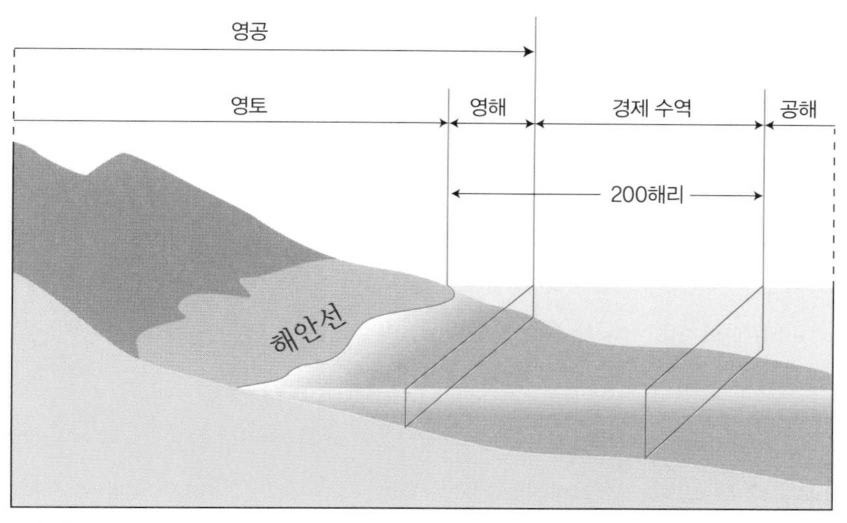

국가 영역의 구성.

영토 · 영해 · 영공에는 모두 다스릴 영領자가 쓰이는데, 이는 식민지를 '영국령 · 프랑스령'이라고 하듯이 주권이 미치는 곳을 의미한다. 즉, 영토 · 영해 · 영공은 국가의 주권이 미쳐서 다스릴 수 있는 한 국가의 땅 · 바다 · 하늘인 것이다. 이 셋을 모두 포함하는 것이 국토인데, 국토는 항상 고정된 개념이 아니다. 예를 들어 해수면이 상승되거나 간척 사업이 이루어지면 영토의 범위가 변하게 되어 영토를 기선基線, 기준선, base line으로 하는 영해나 영공도 함께 변하기 때문이다.

국토는 지형, 기후, 생물과 같은 자연적 요소와 역사, 문화, 산업과 같은 인문적 요소로 구성된다. 국토는 국민의 생활공간이자 삶의 터전이며 국가를 구성하는 기본 요소가 된다. 국토가 경제적 개념으로 사용될 때에는 국민 생산 활동의 기반을 의미하기도 한다. 그 이유는 국토에서는 광물 자원을 얻을 수 있으며, 농업을 통해 먹을거리를 얻을 수 있을 뿐만 아니라 주거지역이 되기도 하고, 공공의 이익을 위한 여러 가지 시설을 설치할 수도 있기 때문이다.

따라서 국토는 국가를 구성하는 '국민'이라는 인적자원과 더불어 매우 중요한 개념이다. 국민과 국토 중 어느 한 쪽이 없는 국가는 일반적으로 국가로 인식되지 않기 때문에 국토는 우리 삶의 터전인 동시에, 우리가 반드시 지켜내야 하는 공간인 것이다.

대한민국의 영토는 '한반도와 부속 도서'로 구성된다. 부속 도서는 우리 국가에 포함된 3400여 개의 섬을 의미하는데, 주로 서해안과 남해안에 집중되어 있다. 우리나라 영토의 범위는 남한과 북한을 합칠 경우 약 22만 제곱킬로미터이고, 남한은 약 10만 제곱킬로미터다.

우리나라는 과거에 역사적으로 많은 변화를 겪다가 조선 초기 세종대왕 때 현재와 같은 한반도로 영토가 확정되었다. 이후에도 중국과 간도를 중심으로 한 영토 분쟁이 있었다. 백두산정계비에는 간도가 우리의 땅임을 서로 인정하는 내용이 있음에도, 일제는 우리나라의 외교권을 박탈하고 만주에 철도를 부설할 수 있는 권리를 청나라로부터 얻는 대신 간도가 중국 땅임을 인정해 버렸다. 심지어 일본은 현재에도 독도를 자신의 땅이라고 주장하고 있기 때문에 우리는 더욱 우리 땅에 대하여 정확하게 알고, 우리 땅을 지켜 내기 위한 노력을 해야만 한다.

배타적 경제수역, 땅보다 넓은 우리 바다

영해는 국제법상 국가의 해안에 인접하고 국가의 영역적 관할권 범위 내에 있는 해양 지역을 의미한다. 즉, 영해는 기선 밖에 설정되는 수역으로, 기선 및 영해 외한선을 어디에 설정할 것인가에 대한 논의가 늘 문제시되어 왔다. 오늘날은 UN 해양법에 의거하여 대다수 국가가 기선으로부터 12해리에 이르는 바다를 영해의 범위로 설정하고 있다. 영해 내에서는 국가안보를 위한 군사 작전이 펼쳐지고, 밀수가 강력하게 금지된다.

우리나라의 동해 · 제주도 · 울릉도 · 독도는 통상 기선을 사용하여 범위가 정해졌으며, 서해와 남해는 직선 기선을 사용하여 범위가 정해졌다. 한국의 영해는 영해법1977 : 법률 제3037호에 따라 기선으로부터 한반도와 그 부속 도서의 육지에 접한 12해리까지 해당된다. 다만 대한해협에서는 일본과의 관계를 고려하여 잠정적으로 3해리까지만 한국의 영해다. 대한해협은 폭이 좁아서 일본과 중첩되는 지역이 발생하기 때문에, 직선기선으로부터 3해리로 결정한 것이다.

또한 영해는 바다의 범위뿐만 아니라 그 상공上空 · 해상海床 및 해저

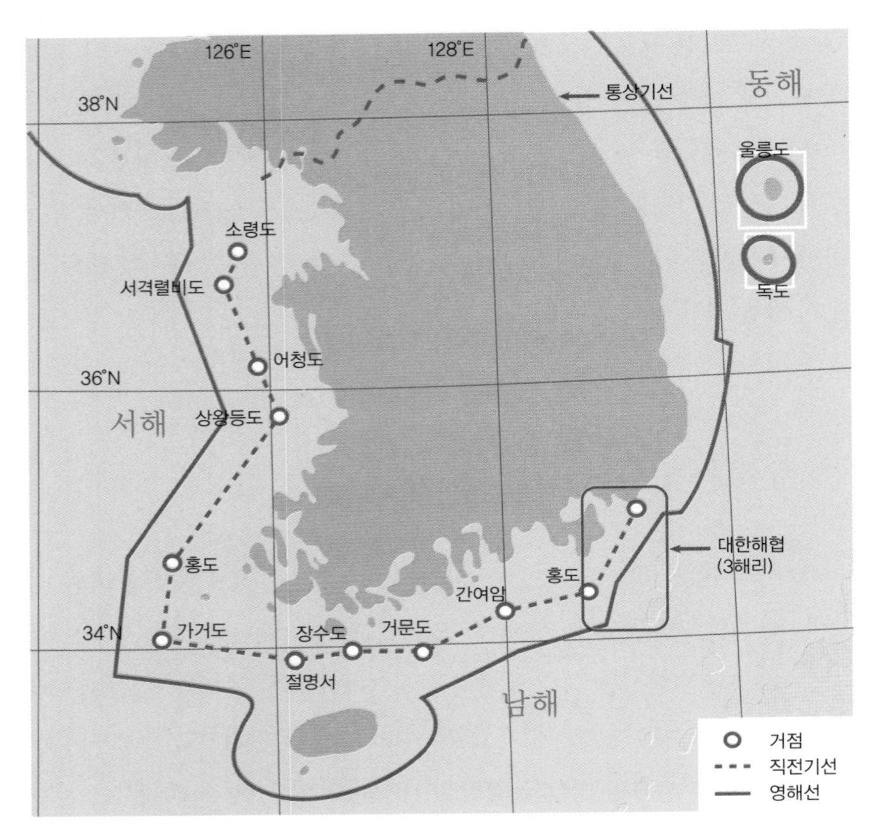

통산기선, 직선기선에 의한 영해의 범위.

지하까지 포함되며, '대륙붕에 관한 조약'에 따라 한국 연안으로부터 수심 200미터까지의 해저 대륙붕에서 천연자원을 개발할 수 있는 권리도 주어진다.

과거에는 영해의 폭에 대하여 일정한 국가 관행이나 관습법은 존재하지 않았으나 18세기에 착탄거리설이 주장된 이래 3해리설이 국제 사회에서 인정을 받았다. 착탄거리설이란 18세기 후반에 이탈리아의 아주니D. A. Azuni의 주장에 따라 대포의 사정거리인 3해리를 영해로 정하자는 국제법

학설이다. 영해는 연안국의 실질적인 지배가 중요하기 때문에 이러한 실효적 지배가 가능한 범위인 3해리를 영해의 범위로 해야 한다는 것이다. 하지만 대포의 사정거리가 반드시 3해리 안에서만 유효하지 않다는 의견과 과학 기술의 발달로 인하여 대포의 유효사거리가 늘어나게 되면서 착탄거리설은 국제 사회에서 점차 지지 세력을 잃게 되었다. 그뿐만 아니라 착탄거리설이 주장된 당시는 열강에 의한 제국주의 국가가 세계를 주도하여 국제법을 정했기 때문에 최근에는 착탄거리설을 반대하는 목소리가 높아지게 되었다.

따라서 제3차 UN해양법이 성립되기까지 많은 나라는 자국의 주장에 따라 영해의 범위를 설정해 왔다. 특히 중남미 국가는 영해의 폭이 200해리라는 주장까지 하기도 했다. 하지만 제3차 UN 해양법 회의를 통하여 200해리로 영해의 범위를 주장하는 중남미 국가의 주장은 현실성이 없는 것으로 받아들여졌고, 그 대신 이러한 주장이 배타적 경제수역의 개념에 포함됨에 따라 기존의 영해의 폭을 주장하는 여러 이론 중 12해리 주장에 대해 각국이 합의하게 되었다. 따라서 영해의 폭은 기선으로부터 해양 쪽으로 12해리까지의 바다, 해저, 하층토 및 상부 상공으로 결정되었다.

1982년 12월 10일에 체결된 UN 해양법 협약 제33조에 의한 접속 수역Contiguous zone이란 영해 기준선으로부터 24해리를 넘지 않는 범위에서, 영토 및 영해상의 관세 · 재정 · 출입국 관리 · 보건 · 위생 관계 등의 규칙 위반을 예방하거나 처벌하는 데 필요한 국가 통제권을 행사할 수 있는 수역이다.

접속 수역은 밀무역 방지를 위해 최초로 형성되었다. 1930년 12해리로 영해의 범위가 정해지기 전까지 미국도 다른 나라와 마찬가지로 영해의 범위를 3해리5.556킬로미터로 인정하고 있었다. 하지만 세계대전에 참전하게 되면서 식량 절약, 작업 능률 향상, 맥주를 만드는 독일인에 대한 반감 등의 여러 이유로 미국 영토 내에서 알코올이 섞인 음료에 대해서 양조하거나 판매, 운반, 수출입을 못하게 하는 금주 운동이 발생하였고, 이 운동이 발전하여 1920년 금주법禁酒法이 정해지게 되었다. 이후 3해리설에 대한 문제가 발생하였다.

금주법으로 인해 미국 영토 내에서 알코올의 유통이 금지되자 캐나다와 영국의 주류 밀수업자는 3해리 밖까지 배를 타고 와서 거기에 정박한 후, 사람이 수영을 하여 몰래 술을 반입했다. 이런 밀수입 때문에 세관이 단속에 어려움을 겪으며, 미국법으로는 처벌을 할 수 없는 곤란한 상황에 처하게 되자 미국은 관세 · 출입국 관리 · 보건을 위한다는 명분으로 법을 개정하여 1930년에 '12해리 접속 수역'을 선포하게 되었다. 바로 이것이 접속 수역이 12해리로 설정된 시초가 된 것이다.

영해의 범위가 12해리로 확정되기 이전에는 접속 수역의 범위를 영해 기준선으로부터 12해리를 넘지 못하게 하였으나, 이후에 영해의 범위가 12해리로 정해졌으므로 1982년에 체결된 'UN 해양법 협약 제33조'에 접속 수역의 범위를 24해리 이내라고 규정하게 되었다. 우리나라는 1995년에 접속 수역을 선포하였는데, 영해 및 접속 수역법의 내용은 다음과 같다.

> 대한민국의 접속 수역은 기선으로부터 측정하여 그 바깥쪽 24해리의 선까지에 이르는 수역에서 대한민국의 영해를 제외한 수역으로 한다. 다만, 대통령령으로 정하는 바에 따라 일정 수역의 경우에는 기선으로부터 24해리 이내에서 접속 수역의 범위를 따로 정할 수 있다.

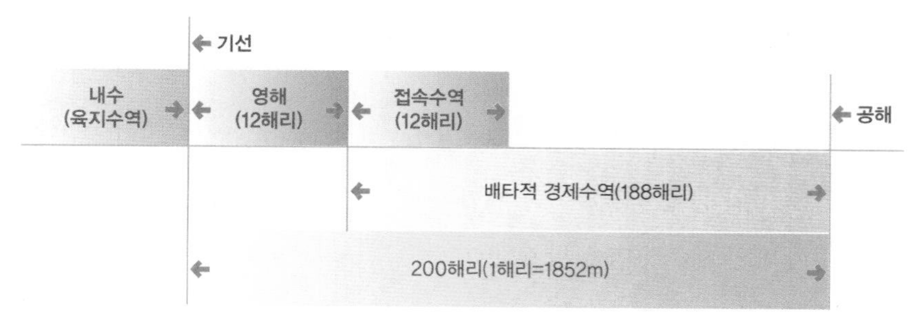

영해 · 접속수역 · EEZ 범위.

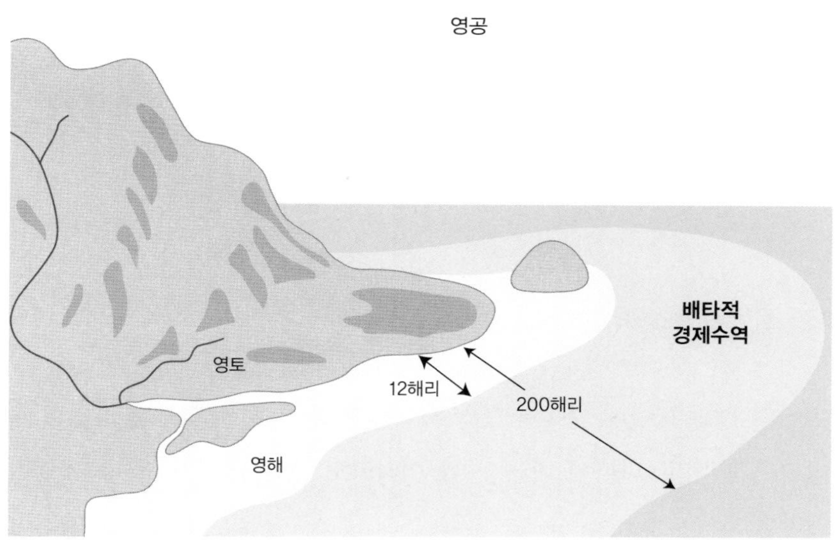

배타적 경제수역의 범위.

배타적 경제수역排他的經濟水域, Exclusive Economic Zone, EEZ이란 UN 해양법 조약에 근거해서 설정된 것으로, 해저 자원 등 경제적 자원을 배타적으로 관할하면서 경제적인 주권을 행사하도록 정한 수역을 가리킨다. 200해리 경제수역은 경제적 이익에 있어서 연안국의 배타적 권리가 인정되는 수역이기 때문에 '200해리약 370킬로미터, 서울과 부산 간 직선거리는 약 314킬로미터 배타적 경제수역'이라고도 한다.

연안국은 UN 해양법 조약에 근거하여, 200해리 범위 내의 수산자원 및 광물자원 등을 탐사하거나 개발할 수 있는 권리를 갖는다. 대신 해당 범위 내의 해양 환경오염을 방지할 의무를 지닌다. 반면, 영해와 다르게 영유권은 인정되지 않아 '경제적 이권'은 주장할 수 있지만 군사적 · 주권적 권리는 주장할 수 없다.

200해리의 바다는 수심이 200미터 정도의 대륙붕이기 때문에 자원 개발의 가능성이 높아서 경제적 가치가 매우 크다. 따라서 바다와 접해 있는 국가 간의 배타적 경제수역의 권리를 두고 대립을 하는 경우가 발생하기도 한다.

법으로 알아보는 우리 바다

1982년 11월 16일에 채택된 'UN 해양법 협약'은 인류 역사상 최초로 완성된 종합적인 '바다의 대헌장大憲章'이라고도 불린다. 이유는 '제3차 UN 해양법 회의The Third United Nations Conference on the Law of the Sea'라는 대규모 국제회의에서 약 10년에 걸친 협상에 협상을 거듭한 후, 결정된 헌장이기 때문이다. 'UN 해양법 협약'은 UN에서 해양법 분야를 규율하기 위하여 1982년 국제연합이 채택한 것이다. UN 해양법 협약에 우리나라는 1983년 3월 14일 서명하였고, 1996년 1월 29일 비준되었다.

UN 해양법 협약은 포괄적인 해양 헌장으로서 주요 내용으로는 첫째, 심해저의 자원을 '인류가 지닌 공동 유산'으로 규정하여 심해저 자원의 개발에 따른 이익이 모든 국가에게 분배되도록 명시하였다. 둘째, 국가 관할 수역에 대하여 규정하며, 공해 · 영해 · 대륙붕으로만 구별되었던 과거의 해양 수역을 영해 · 대륙붕 · 배타적 경제수역EEZ으로 구분하였다. 또한 배타적 경제수역 내에서는 연안국이 해양자원을 개발할 수 있도록 하였다. 더불어 12해리 영해 제도 및 국제해협 통과 통항 제도transit passage에 대하여 확립하였다. 셋째, 군사적 · 경제적 목적에 의해 해양조사가 시행되었던 과거와 달리 연안국의 동의를 얻어야 해양조사가 가능하도록 하였다. 또한 해양 과학 조사와 해양 환경보호를 위한 연안국의 권리를 존중하고, 협약과 관련 법규를 준수하도록 하며, 손해를 발생시킨 경우 이를 배상하여야 한다고 명시했다.

영해 및 접속 수역법 [일부개정 2011.4.4 법률 제10524호]

제1조(영해의 범위)
대한민국의 영해는 기선(基線)으로부터 측정하여 그 바깥쪽 12해리의 선까지에 이르는 수역(水域)으로 한다. 다만, 대통령령으로 정하는 바에 따라 일정 수역의 경우에는 12해리 이내에서 영해의 범위를 따로 정할 수 있다.

제2조(기선)
① 영해의 폭을 측정하기 위한 통상의 기선은 대한민국이 공식적으로 인정한 대축척 해도(大縮尺海圖)에 표시된 해안의 저조선(低潮線)으로 한다.
② 지리적 특수 사정이 있는 수역의 경우에는 대통령령으로 정하는 기점을 연결하는 직선을 기선으로 할 수 있다.

18

배타적 경제수역의 적용과 한일 관계

한일 간 논란의 불씨, 어업협정과 중간 수역

한일 어업협정이란 1965년 6월과 1998년 11월에 체결된 한일 양국 간의 어업협정이다. 1965년 체결된 어업협정을 편의상 구舊어업협정, 1998년 11월 28일에 협정된 어업협정을 신新어업협정으로 부르기도 한다. 이 협정에는 EEZ 설정, 제주도에서의 남부 수역 설정, 동해에서의 중간 수역 설정, 어업 실적 보장 및 불법 조업에 대한 단속 등이 주요 내용으로 포함되어 있다.

문제는 신어업협정이 체결될 당시부터 한국 측이 일본 측의 주장을 상당 부분 수용했다는 것이다. 따라서 이 협정을 체결한 것에 대한 찬반양론이 지속되었고, 특히 남 쿠릴 열도의 해역에서 한국 어선의 꽁치 조업이 금지당할 위기에 처하면서 영토 수호에 대한 정부의 미흡한 대응책에 대한 비판의 목소리가 높았다.

한일 중간 수역이란 1999년 신어업협정에 의하여 정해진 수역으로 한국과 일본의 협의를 통하여 이 범위 내에서의 조업, 어족 자원 보호 등 수산 자원 관리를 가능하도록 한 배타적 경제수역EEZ의 바깥 부분의 수역을 의미한다.

UN 해양법 협약의 효력이 발생되면서 국제사회에서는 연안국의 관할권이 12해리에서 200해리로 변경되었다. 따라서 한국과 일본도 1996년에 UN 해양법 협약을 비준하였고, 200해리 배타적 경제수역EEZ을 설정하였다. 그 과정에서 한국과 일본 사이의의 거리는 400해리가 되지 않기 때문에 200해리를 EEZ로 설정할 경우 어쩔 수 없이 상당한 범위의 해역이 중첩되는 상황이 발생하였다. 따라서 한국과 일본 간에 중첩되는 부분을 중간적인 성격을 지닌 경계로 설정하게 되었는데 이 범위를 '중간 수역'이라고 한다.

일본은 중간 수역에 포함된 대화퇴어장이 경제적 가치가 높아서 그동안 한국의 영유권을 절대로 인정할 수 없다고 주장해 왔다. 중간 수역을 양국 간에 설정하게 되면서 우리나라 입장에서는 대화퇴어장의 약 50퍼센트를 중간 수역으로 확보하는 성과를 거두었다고 볼 수도 있다. 하지만 문제는 중간 수역의 범위 안에 독도가 포함되었기 때문에 우리나라에게 불리한 협정이었다는 것이다. 독도에 대한 영유권을 표기하지도 않고 독도 부근의 수역을 중간 수역으로 설정한 것은 주권 차원에서의 많은 찬반 논쟁을 불러일으켰다. 즉, 독도의 북동쪽에 위치한 대화퇴어장은 어획량이 매우 높아서 경제적 이익이 높은 어장인데, 우리나라는 대화퇴어장의 절반밖에 사용하지 못하는 반면, 일본은 중간 수역을 포함하여 모든 대화퇴어장을 획득하게 되었기 때문이다.

또한, 우리나라의 동해는 통상기선으로 영해를 설정하기 때문에 우리 국토인 독도 주변의 12해리는 당연히 우리의 영해가 되어야 한다. 따라서 경제적인 측면과 주권 수호적인 측면에서 손실이 발생하기 때문에 한일어업협정에 대한 찬반의견에 대한 논쟁은 계속되고 있다.

하지만 정부의 입장은 달랐다. 독도는 분명한 우리 국토라는 것을

한일 어업협정에 따른 수역도.

배타적 경제수역이란?

모든 나라는 영역을 가지고 있고, 이 영역은 한 나라의 주권이 미치는 범위를 뜻한다. 영역은 영토(領土), 영공(領空), 영해(領海)로 이루어져 있다. 영토는 섬을 포함한 국토를 의미하는데 우리나라의 영토는 한반도와 약 3400여 개의 섬으로 구성되어 있다. 영해는 해안선으로부터 12해리(1해리는 1852미터로, 버스 한 정거장 정도의 거리)까지 인정되며, 영토와 영해의 수직 상공이 바로 영공이다. 우리나라의 영해는 해안선이 비교적 단조로운 동해안의 경우 통상 기선(수심이 가장 낮은 해안선)을 기준으로 12해리까지, 섬이 많은 서해안은 직선기선(육지에서 가장 멀리 떨어진 섬을 직선으로 연결한 선)으로부터 12해리까지다. 예외적으로 일본과 가까운 대한해협은 직선기선으로부터 3해리까지만 인정된다.

우리나라는 바다의 면적에 비해 영해가 생각보다 굉장히 좁다는 것을 알 수 있다. 넓은 바다를 좀 더 활용할 수 있는 방법은 없을까? 그래서 세계 각국은 영해보다 더 넓은 범위에서 독점적인 경제활동이 가능한 수역을 만들게 되었다. 그것이 바로 배타적 경제수역의 시초다.

배타적 경제수역(Exclusive Economic Zone)이란 각 국가의 해안선(기선)으로부터 200해리까지의 바다에 대해 독점적인 경제적 권리를 부여하는 수역을 의미한다. 하지만 이름 그대로 '경제'에 대한 권리만 인정할 뿐, 다른 주권을 행사할 수는 없다. 예를 들어, 우리나라의 배타적 경제수역에서 어업을 하거나 천연자원을 탐사하고 개발하는 것과 같은 경제적 활동은 오직 우리나라만이 할 수 있지만 이 수역은 영해에 포함되지는 않기 때문에, 영해에서처럼 다른 나라 선박의 항해나 다른 나라 항공기의 운항을 막을 수는 없다.

만약 우리나라와 일본, 우리나라와 중국 사이의 바다가 400해리 이상이라면 수역 설정에 문제가 되지 않겠지만, 안타깝게도 두 해역 모두 400해리가 되지 않는다. 그렇기 때문에 협상을 통해 배타적 경제수역을 설정하게 되었다.

최근에는 해양 자원의 탐사가 활발히 진행되면서 국가 간 배타적 경제수역 설정이 민감한 문제로 떠오르고 있다.

밝히면서도 EEZ 경계 획정이 어려웠기 때문에 잠정적인 성격의 어업협정을 체결할 수밖에 없었다는 것이다. 또한 신어업협정은 영토의 범위에 관한 협정이 아니라 어업만 관련된 협정이기 때문에 독도가 우리 국토라는 사실에 한일 어업협정이 영향을 미치지 않을 것이라는 입장을 밝혔다.

그럼에도 한국 영토인 독도를 기점으로 하여 EEZ를 설정하지 않았다는 것과 중간 수역에 독도가 포함된 것은 일본이 언제라도 영토 문제를 제기할 수 있는 빌미를 제공한 것이기 때문에 한일 어업협정이 논란의 불씨가 되고 있는 것은 확실하다. 현재 이 협정은 2001년에 이미 3년의 유효기간이 지났지만, 따로 협정을 파기하지 않았기 때문에 새로 협정을 해야 한다는 일부의 의견에도 유효기간이 연장되었다.

한일 중간 수역과 독도 영유권 논쟁

신어업협정으로 제기된 독도의 영유권 문제는 독도에 대한 주권 수호의 위기와 관련되었기 때문에 국내에서는 찬반 논란이 더욱 크게 일어났다. 한일 어업협정에서 독도가 중간 수역 안에 포함된 상태로 한국과 일본이 수산자원의 공동 관리를 실시하게 된 상황 자체가 독도에 대한 우리의 영역 주권이 위기에 놓일 수 있다는 견해가 많다. 현 상황에서는 중간 수역 설정에 대한 논쟁점이 의미하는 내용이 무엇인지를 파악하는 것이 우리의 국토를 지키는 첫 번째 방법이 될 것이다.

한일 중간 수역 설정으로 인한 첫 번째 논쟁점은 중간 수역의 범위에서 시작된다. 한일 양국은 중간 수역을 설정할 때 독도의 영유권 문제를 명시적으로 언급하지는 않았다. 하지만 독도의 지명을 명시적으로 언급만

하지 않았을 뿐, 협정 당시 독도의 영유권에 대한 의견 조정이 어려웠기 때문에 차후에 해결하기로 하고 독도를 좌표로만 표기하였다. 따라서 결론적으로 일본이 독도에 대한 영유권 문제를 제기할 수 있는 실마리를 남겨 놓게 된 것이다.

그리고 협상 과정에서 동쪽 한계선에 대하여 한국은 동경 136도를, 일본은 동경 135도를 주장하다가 최종적으로는 135.5도로 합의하였다. 또한 중간 수역의 해안 쪽 경계선은 한국은 연안으로부터 34해리를, 일본은 35해리를 주장하다가 35해리로 합의하였다. 결국 한국은 1해리를 양보한 반면, 동쪽 한계선은 0.5도밖에 양보받지 못한 것으로, 한국의 협상이 어설프고 손해를 본 협상이라는 비판을 받기도 했다.

반면 0.5도를 양보받아 대화퇴어장의 50퍼센트를 중간 수역에 포함시킨 것은 성공적이라는 객관적 평가가 나옴으로써 이 문제는 일단락되었다. 하지만 일본과 러시아가 영토 분쟁을 벌이고 있는 쿠릴 열도에서 일본이 러시아에 막대한 대가를 주고 한국 어선의 조업을 금지함으로써 한국은 2002년에 남 쿠릴 열도 해역에서 꽁치 조업을 금지당할 위기에 처하게 되었다. 이에 따라 정부의 안이한 자세와 늑장 대응에 대한 비난이 계속되면서 신어업협정을 폐기하자는 주장이 제기되었다.

한일 중간 수역 설정으로 인한 두 번째 논쟁점은 독도의 영유권 문제와 관련된다. 신어업협정은 어업과 관련된 협정으로 알려져 있으나 실제로는 영유권 문제와 관련 깊은 조약이었다고 해석된다. 문제는 이 조약에서 한국은 독도를 대한민국의 고유한 영토로 인식시키지 못하였고, 독도의 존재를 정확하게 표기하지 못하여 독도의 영토 영유권에 대한 분쟁 가능성을 남겼다는 것이다. 정부는 독도 주변 12해리의 영해를 '중간 수역'에서 제외했다고 밝혔다. 그러나 이것이 국제적으로 유효하려면, 독도를 한국 영토로 표시하거나 '독도'라고 표시하여 간접적으로 독도가 한국 영토임을 명시했어야 한다. 하지만 이 협정에서 독도는 명확한 표기 없이 '경도 · 위도'로만 표시되었기 때문에 이를 잘못 해석하여 일본 측에게 독도 주변의 영해가 '공동 수역' 또는 '일본 영해'라고 해석할 수 있는 실마리를 줄 수도 있다.

또한 이 협정에서는 한국과 일본이 독도에 대하여 양국이 대등한 주권적 권리를 가지도록 규정하여 영유권 분쟁이 발생할 수 있는 요인을 만들었다. 또한, 독도를 통해 얻을 수 있는 배타적 경제수역을 모두 없애 버림으로써 독도의 영유권을 포기한 조약이라는 비난을 받고 있다. 실제로 이 조약이 체결된 이후 독도에 한국인이 자유롭게 출입할 수 없게 되었으며, 어부들이 독도에 배를 정박 할 수 없게 되는 등 주권 행사를 제대로 하지 못하는 사태가 발생하고 있다.

회복해야 할 우리 바다, EEZ

영해가 연안으로부터 12해리인데 비해, 배타적 경제수역은 연안으로부터 200해리 범위 내의 수역으로 일정한 주권적 권리를 행사할 수 있는 경제수역이라고도 불린다. 다만 영해와 같이 완전 배타적인 주권을 행사하는 것이 아닌 항해, 상공 비행의 자유 등 공해의 성격을 갖는다.

EEZ 범위 내에서는 첫째, 어업자원 및 해저 광물자원해저의 상부 수역, 해저 및 그 하토층의 생물이나 무생물 등 천연자원의 탐사, 개발, 보존, 관리를 목적으로 하는 주권적 권리를 행사할 수 있다. 둘째, 해수 · 해류 · 해풍을 이용한 에너지 생산 등 EEZ의 경제적 개발과 탐사가 가능하다. 셋째, 인공 섬 및 해저케이

블 · 파이프라인과 같은 시설 구조물의 설치 및 사용, 해양 과학 조사 및 해양 환경의 보호, 보전에 관한 관할권을 보장받는다. 다만 어업자원은 연안국이 자국의 어획 능력을 넘는 잉여 자원에 대해서 일정한 조건하에 타국의 입어入漁를 인정해야 한다. 넷째, 해양법에 규정된 EEZ에 대한 그 밖의 권리를 누릴 수 있기 때문에 경제적인 이익을 보장받는다.

배타적 경제수역은 이러한 경제적 이익이 있기 때문에 '코리아 독도 녹색 운동 연합' 대표는 "신한일 어업협정에서 배타적 경제 수역의 기점을 울릉도로 정했기 때문에 독도가 울릉도로부터 분리되는 결과를 초래했다"며 "신한일 어업협정은 우리의 어장을 포기하여 국내 어민들의 경제적 이익을 하루아침에 빼앗고 한국 국민의 자존심을 짓밟은 명분도 실익

신한일어업협정에 대한 정부의 책임을 묻는 어민들.

도 없는 굴욕적 협정이다"라고 주장하기도 했다.

신한일 어업협정에 따라 설정된 한일 중간 수역은 독도 문제를 영토 분쟁화하여 합법적으로 독도를 점유하려는 일본의 장기 전략이라는 우려의 목소리가 높다. 현재 대한민국은 독도를 실효적으로 지배하고 있다. 그러나 일본 정부가 한국과의 어업 협정 및 기타 각종 협상과 협정을 통하여 독도의 영유권에 대하여 국제법상으로 점차 한국과 대등한 지위를 갖추어 가려 한다는 것이다. 그 이후 한국이 이 문제에 취약한 시점에 일본의 해군력 등을 동원하여 독도를 탈취하고, 일본의 점유를 주장한 다음 평화적 해결을 위하여 독도 문제를 국제사법재판소에서 해결하고자 한다면 우리 정부는 어떻게 대응해야 할까?

주권 수호와 바람직한 한일 관계

국제재판은 승패가 분명하여 당사국에게 분쟁의 앙금을 남길 수 있기 때문에 영유권 문제 및 해양 경계 획정 문제를 국제재판으로 해결하는 방식에는 문제가 있다. 또한 독도는 역사적으로도 국제법적 지위를 한국만이 완벽하게 가지고 있으며, 실효적 지배도 한국이 하고 있는 우리의 완벽한 배타적 고유 영토이기 때문에 국제재판에 회부되는 일이 발생하지 않도록 우리가 반드시 수호해야만 한다.

주권을 회복하고 역사적 자존심을 회복하기 위하여 한국과 일본은 미래지향적인 관계를 이어 나가기 위한 노력을 해야 한다. 그러기 위해서는 첫째, 한일 두 나라의 외교 실무진과 전문가로 구성된 조직을 구성하여 화해와 협력의 정신으로 타협점을 찾아야 한다. 도서 영유권 분쟁은 해양 경계 획정, 사고 선박의 처리, 환경보호, 어획량 규제 등 여러 가지 국제적 협력이 필요한 복잡한 사안이다. 따라서 패소할 경우 책임 공방이 따르는 국제재판보다는 당사국 간 협상과 타협을 통해 실익을 추구하는 편이 훨씬 나을 수 있다. 둘째, 우리의 역사, 어업권을 수호하겠다는 굳건한 의지를 지니고 있어야 한다. 독도 문제는 단순한 영유권 수호의 문제만이 아니다. 독도를 수호하는 문제는 일본과 얽힌 불행한 과거 역사를 청산하고, 완전한 주권을 확립하는 문제다. 따라서 국민은 올바른 역사 인식을 바탕으로 하여 주권을 지키려는 측면에서 우리의 독도를 수호해야만 한다. 셋째, 과거 역사에 대한 감정적인 대응을 버리고 일본의 무리한 주장을 통제할

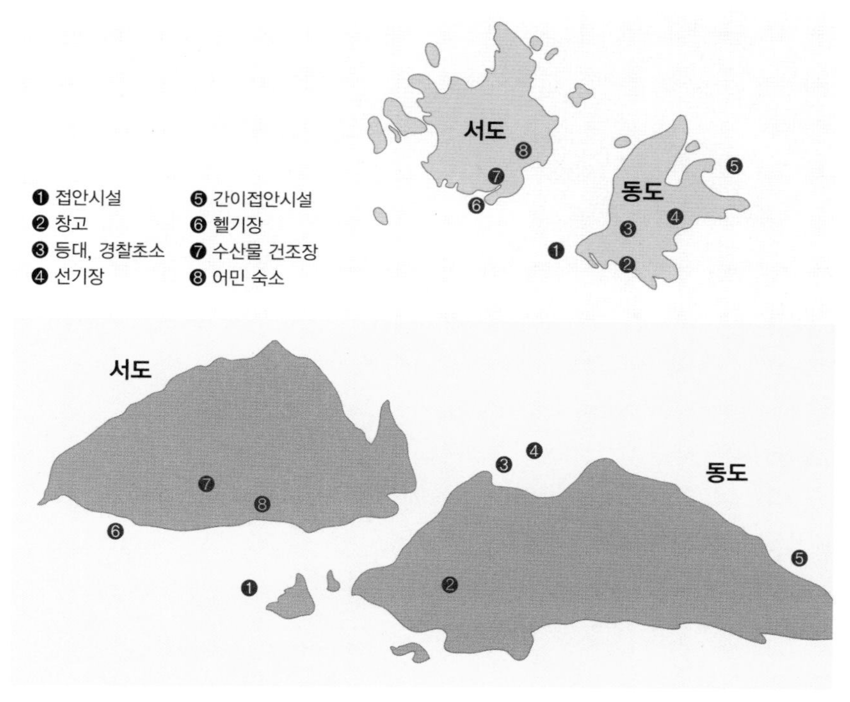

독도를 실효적으로 지배하고 있는 대한민국의 주요 시설.

수 있는 방어 논리를 형성해야 한다. 구체적인 사료 발굴 등을 통해 객관적이고 논리적인 접근이 필요하다. 넷째, 한일 양국 간의 문제가 남북한과 동북아, 세계 평화에 기여할 수 있도록 모든 국민의 지속적인 관심과 연구를 바탕으로 독도를 반드시 우리의 손으로 지켜야 한다.

사진 제공

국립해양조사원 40
김홍규 44(아래), 129(위)
독도박물관(인터넷) 25, 45, 47, 63, 96, 97, 101(2,3)
《독도의 해양생물》 79(아래)
동아일보 79(위), 169
연합뉴스 36, 44(위), 52~53, 55, 57, 190, 195, 204
조선일보 14
중앙일보 60(1,4), 101(1), 168, 235

- 사진을 제공해 주시고 게재를 허락해 주신 분들께 감사드립니다.
- 일부 저작권을 찾지 못한 사진은 확인되는 대로 정해진 절차에 따라 사용료를 지불하겠습니다.